U0191106

日本经典技能系列丛书

测量技术

(日) 技能士の友編集部　**编著**

徐之梦　翁翎　译

机械工业出版社

本书介绍了在机械加工车间工作的机械加工工人必须掌握的多种测量技术，量具、量仪以游标卡尺、千分尺、卡钳和指示表为主，还增加了量块、光滑极限量规的使用等内容。书中不仅详细介绍了各种量具的零点调整方法及正确的测量方法，还对其修整方法进行了简单的说明。

本书可供初级机械加工工人入门培训使用，还可作为技术人员及相关专业师生的参考用书。

"GINO BOOKS 1：SOKUTEI NO TECHNIQUE"
written and compiled by GINOSHI NO TOMO HENSHUBU
Copyright ⓒ Taiga Shuppan，1970
All rights reserved.
First published in Japan in 1970 by Taiga Shuppan，Tokyo
This Simplified Chinese edition is published by arrangement with Taiga Shuppan，Tokyo in care of Tuttle-Mori Agency，Inc.，Tokyo

本书版权登记号：图字：01-2007-2329 号

图书在版编目（CIP）数据

测量技术／（日）技能士の友编集部编著；徐之梦，翁翎译. —北京：机械工业出版社，2009.6（2023.1 重印）
（日本经典技能系列丛书）
ISBN 978-7-111-27195-6

Ⅰ. 测… Ⅱ.①技…②徐…③翁… Ⅲ. 技术测量—基本知识
Ⅳ. TG801

中国版本图书馆 CIP 数据核字（2009）第 077937 号

机械工业出版社（北京市百万庄大街22 号 邮政编码100037）
策划编辑：徐 彤 责任编辑：王晓洁
版式设计：霍永明 责任校对：李 婷
封面设计：鞠 杨 责任印制：任维东
北京中兴印刷有限公司印刷
2023 年 1 月第 1 版第 10 次印刷
182mm×206mm · 7.166 印张 · 213 千字
标准书号：ISBN 978-7-111-27195-6
定价：35.00 元

凡购本书，如有缺页、倒页、脱页，由本社发行部调换
电话服务 网络服务
社 服 务 中 心：(010)88361066 教 材 网：http://www.cmpedu.com
销 售 一 部：(010)68326294 机工官网：http://www.cmpbook.com
销 售 二 部：(010)88379649 机工官博：http://weibo.com/cmp1952
读者购书热线：(010)88379203 封面无防伪标均为盗版

出版说明

为了吸收发达国家职业技能培训在教学内容和方式上的成功经验，我们引进了日本大河出版社的这套"技能系列丛书"，共 17 本。

该丛书主要针对实际生产的需要和疑难问题，通过大量操作实例、正反对比形象地介绍了每个领域最重要的知识和技能。该丛书为日本机电类的长期畅销图书，也是工人入门培训的经典用书，适合初级工人自学和培训，从 20 世纪 70 年代出版以来，已经多次再版。在翻译成中文时，我们力求保持原版图书的精华和风格，图书版式基本与原版图书一致，将涉及日本技术标准的部分按照中国的标准及习惯进行了适当改造，并按照中国现行标准、术语进行了注解，以方便中国读者阅读、使用。

游标卡尺

千分尺

卡钳

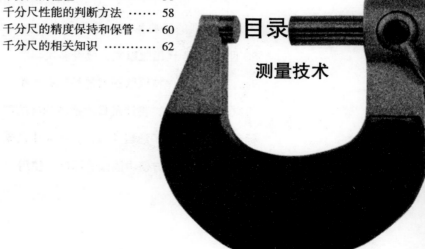

目录

测量技术

指示表

光滑极限量规和量块

其他量具

测量，是加工中必不可少的环节。测量，有的是需要机械加工工人去做的，有的则是由质量控制部门来完成。因此，既然工作在机械加工厂，就必须掌握各种测量技能。

　　测量技术的核心包括两方面：一是必须全面了解量具的原理、结构；二是了解无论使用多精密的量具，都会因测量人员的差异而产生误差。

　　本书将上述两部分内容放在一起介绍……这正是本书的特点。

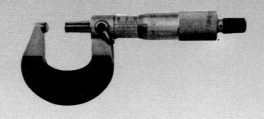

游标卡尺是把标尺和卡规结合在一起的测量工具，在机械加工中使用广泛。虽然在工厂用的量具中，游标卡尺是属于精度较低的一类量具，但它的精度并非很差。量具是根据所要求的精度、被测量物体的形状选用的，有各种各样的量具和测量方法可供选择。游标卡尺的分度值（游标读数值）虽然只有0.05mm，但是只要能正确地使用，它就可以成为非常有用的量具。

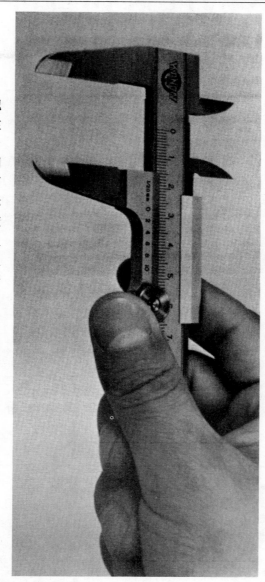

游标卡尺

游标卡尺的种类和各部分的名称

　　游标卡尺可根据用途分为不同的种类。JIS⊖（日本工业标准）中就有 M1 型、M2 型、CB 型、CM 型 4 种类型。其最大测量长度都是 1000mm。虽然在 JIS 中没有规定，而在生产中，也有使用 3000mm 的游标卡尺。

　　M 型是使用得最多的类型，于 1929~1930 年时从德国莫塞尔公司引进，开始也称莫塞尔型，JIS 是取其字头。游标呈槽形。除了有用于外径测量的测量爪之外，还附有内径测量用的内测量爪、深度测量用的深度尺（一般最大测量长度小于 300mm）。在 M 型中，游标不能微动的称为 M1 型，通过滑块可以微动的称为 M2 型。

M 型

M1 型

M2 型

M1 型

内测量面　尺身内测量爪　游标内测量爪　制动螺钉　尺身　深度测量面
游标尺　深度尺
游标　推柄　基准端面　主标尺
游标外测量爪
尺身外测量爪　外测量面

M2 型

内径测量面　尺身内测量爪　游标内测量爪　制动螺钉　滑块　尺身　深度测量面
游标尺　深度尺
游标　推柄　微动螺杆　主标尺　基准端面
微动螺母
游标外测量爪
尺身外测量爪　外径测量面

孔距游标卡尺
测量可测量等直径孔的间距和端面到孔中心的距离

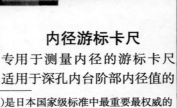

内径游标卡尺
专用于测量内径的游标卡尺
适用于深孔内台阶部内径值的

⊖　日本工业标准(JIS)是日本国家级标准中最重要最权威的标准。由日本工业标准调查会(JISC)制定。——译者注

6

CB 型

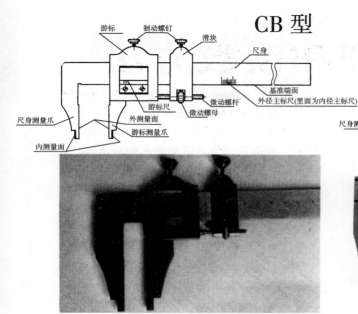

CB 型又称作布朗—夏普型或小星型。游标呈箱形，测量爪的内侧和外侧两个方向都是测量面。用于内径测量时，不能测量小于 5mm 的内径。它没有测量深度的深度尺，和 M2 型一样有微动装置。尺身表面刻有外径主标尺，内侧刻有内径主标尺。

CM 型

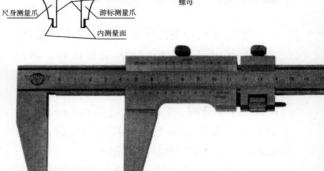

CM 型称作德意志型或莫塞尔型。游标和 M 型同样呈槽形，测量面和 CB 型一样有内外两侧。标尺分度印在尺身上，上侧是内径测量用主标尺，下侧是外径测量用主标尺。

实际测量时放松游标和移动制动螺钉，使游标的测量爪移动到夹住被测量物，于是在该位置上拧紧制动螺钉，一面通过微动螺母及微动螺杆进行微调，一面看标尺。其微动调整装置与 M 型、CB 型也相同。

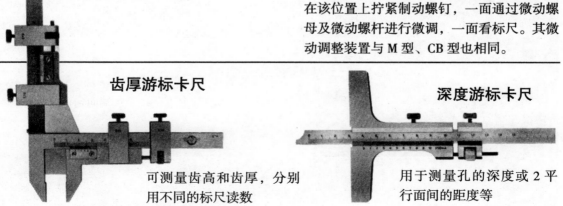

齿厚游标卡尺

可测量齿高和齿厚，分别用不同的标尺读数

深度游标卡尺

用于测量孔的深度或 2 平行面间的距离等

游标的原理和读数方法

■游标

游标卡尺是把游标附加在尺身上的量具，大的标尺分度和细小的标尺分度配合，通过两个分度值之差读出较小的数值。

如图 1 所示将主标尺的 9 个标记，即 9mm 10 等分时，1 标尺分度是 0.9mm。于是把标尺分度为 1mm 的主标尺称为尺身，而将 9mm 10 等分的标尺称为游标尺。

从图 1 可以知道，主标尺的标尺分度和游标尺的标尺分度相差 0.1mm（1mm－0.9mm=0.1mm）。

最初，主标尺和游标尺的 0 标记重合，现在稍向右移动，使主标尺 1mm 标记与游标尺第 1 个标记重合，但由于游标尺的标尺分度少 0.1mm，所以出现 0.1mm 的偏差。

主标尺 4mm 标记与游标尺第 5 个标记对齐时，偏差为 0.4mm（见图 2）。

这样，利用游标尺上比主标尺小的标尺分度，根据其差值来得到较小的分度值，就是游标的原理。

由于把 9mm 10 等分而得到分度值为 0.1mm，那么把 19 个标记（19mm）20 等分将会怎样呢？标尺分度=19/20mm=0.95mm，则游标尺的标尺分度是 0.95mm。

1mm－0.95mm=0.05mm，分度值为5/100mm=1/20mm。游标尺上刻的 1/20mm 的即为此值，表示分度值为 0.05mm。

同样，如果设定游标尺将主标尺的 49mm 50 等分，则 1/50mm=0.02mm，得到分度值为 2/100mm 的游标卡尺。如果将 49mm 换成 24.5mm，并将其 50 等分，则分度值为 0.5/50mm=1/100mm。

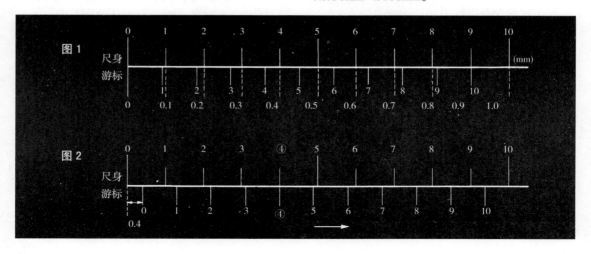

这样，通过改变主标尺长度，利用游标尺等分分配进行各种变化，就可以改变分度值。

常用的分度值见下表。

■游标尺的读法

把游标尺与主标尺的标记重合处的游标尺数值与主标尺数值相加即为测量值。以下举例予以说明。如右图所示，标有●处表示两者标记重合处。

主标尺标记与游标尺标记完全重合时最好，但也有某些标记不完全重合的情形。

分度值为 1/20mm，游标尺的 2 个标记位于主标尺的标记之间时，如初步确定读数为 70.50mm 和 70.55mm 之间时，读数为 70.52mm 或 70.53mm。

另外，在分度值为 1/50mm，0.04mm 处的两个游标尺标记位于主标尺的标记之间时，读数为 0.05mm。

游标尺分度的类型

主标尺 标尺分度	游标尺 标尺分度	分度值
1mm	将 19mm 20 等分	1/20mm=0.05mm
1mm	将 49mm 50 等分	1/50mm=0.02mm
1mm	将 39mm 20 等分	1/20mm=0.05mm
0.5mm	将 12mm 25 等分	1/50mm=0.02mm
0.5mm	将 24.5mm 25 等分	1/50mm=0.02mm

标尺的读法

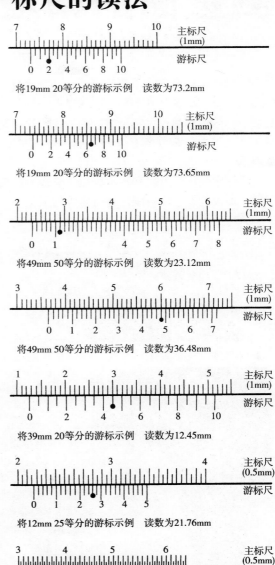

将 19mm 20 等分的游标示例　读数为 73.2mm

将 19mm 20 等分的游标示例　读数为 73.65mm

将 49mm 50 等分的游标示例　读数为 23.12mm

将 49mm 50 等分的游标示例　读数为 36.48mm

将 39mm 20 等分的游标示例　读数为 12.45mm

将 12mm 25 等分的游标示例　读数为 21.76mm

将 24.5mm 25 等分的游标示例　读数为 31.28mm

测量面的精度

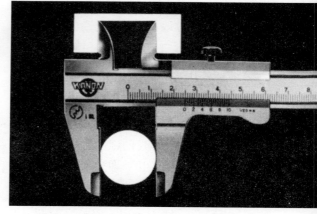

M 型游标卡尺有 3 个测量面。分别是测量外径用的尺身和游标的外测量爪、测量内径用的尺身和游标的内测量爪、测量深度用的深度尺。测量长度大于 300mm 的游标卡尺一般不带深度尺。

● 量爪

游标卡尺比千分尺和指示表（千分表）的精度低，但也能在一定范围内进行准确的测量。

▲0 标尺标记必须重合

首先，最为重要的是测量爪合并时，主标尺的 0 标记和游标尺的 0 标记要重合，其次是主标尺第 19 个标记与游标尺第 10 个标记严格重合。这两处的标记（标记的宽度小于 30μm）重合时，则必然使主标尺其他标记和游标尺标记上下不重合。

该主标尺和游标尺的 0 标记重合时，两个测量爪必须紧靠在一起。保证其接触紧密且缝隙处不漏光，间隙宽度在 3μm 以下。因为 JIS 规定的测量长度小于 100mm、分度值

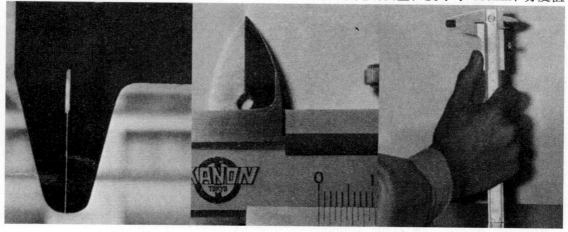

▲测量爪合并时不能有空隙　　▲测量爪不能重叠　　▲在竖直状态下使 0 标记重合

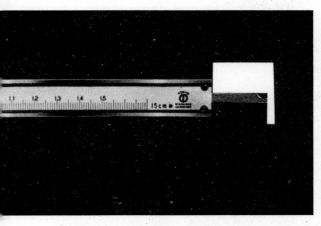

小于0.02mm时的1级综合精度为±0.02mm（2级是±0.04mm），所以间隙宽度3μm的游标卡尺符合测量精度要求。

由于游标卡尺在机械加工中多次使用，测量爪的测量面易受磨损出现缝隙，这时就不能正确测量了。

●内测量爪

对于测量内径的内测量爪，使量爪紧密闭合时，以仅仅能看到透过极微小的光为宜。不透光或透光较多都是不准确的。要注意的是内测量爪的尖端碰上异物容易损伤，如发生碰撞必须检查。

●深度尺

深度尺可完全缩回到尺身的凹槽里面，深度基准面和深度尺水平对齐时，主标尺和游标尺的0标记必须严格重合。立在平板上时，测量爪间出现缝隙，标尺的0标记偏离，则为不准确的游标卡尺。

▼ 游标卡尺的综合精度 （温度为20℃）(单位：mm)

测量长度 /mm	分度值 /0.05mm		分度值 /0.02mm	
	JIS 1级	JIS 2级	JIS 1级	JIS 2级
100 以下	± 0.05	± 0.10	± 0.02	± 0.04
100~200	± 0.05	± 0.10	± 0.03	± 0.06
200~300	± 0.05	± 0.10	± 0.03	± 0.06
300~400	± 0.08	± 0.15	± 0.04	± 0.08
400~500	± 0.10	± 0.15	± 0.04	± 0.08

▼综合精度的测量方法

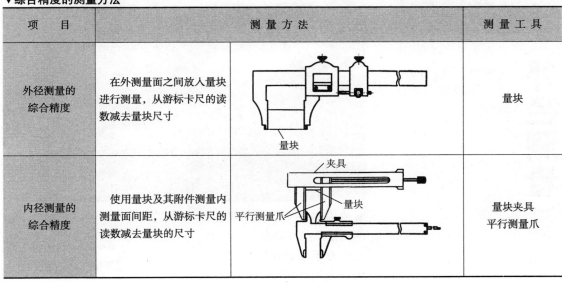

项　　目	测　量　方　法	测　量　工　具
外径测量的综合精度	在外测量面之间放入量块进行测量，从游标卡尺的读数减去量块尺寸	量块
内径测量的综合精度	使用量块及其附件测量内测量面间距，从游标卡尺的读数减去量块的尺寸	量块夹具 平行测量爪

外测量爪的使用方法

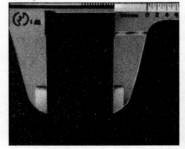

〈外径测量〉

测量外径时，首先使尺身测量爪的测量面接触被测物，然后轻轻按住游标的推柄向前缓慢推动，直到游标的量爪轻轻地夹住被测物。

▲在车床上装夹的被测量物不动进行测量。此时要注意清除被测量物表面的切屑、尘土、毛边等。常用一只手拿着游标卡尺测量，但如果测量长度很长，会出现摆动，这时就需用两手进行测量。

▲使用 M 型时，深度尺会在两测量爪张开测量时伸出来。要注意不要让深度尺划伤机床，或损坏深度尺，注意深度尺的伸出长度。另外，直接在机床上测量时，必须使机床停机。

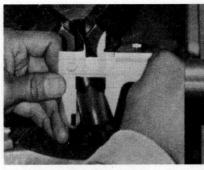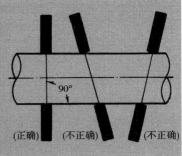

▲在机床上测量外径时，最需注意的就是把游标卡尺对准被测量物，在与其成直角的方向测量。倾斜测量测得的尺寸不正确。左边的照片是正确的示例，右边的照片是错误的示例。

（正确）　（不正确）　　　（不正确）

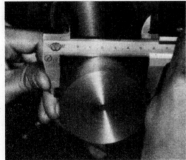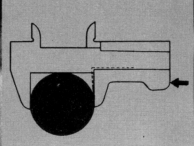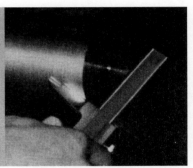

▲用小游标卡尺测大圆柱直径时，测量爪的尖勉强到达圆柱中心，由于手按推柄的作用力，使游标发生如图的点线所示的倾斜，不能得到正确的测量结果。此时要把尺身的基准面贴紧圆柱的端面测量，这样就可用小游标卡尺测量大直径。

▲由于测量爪的尖端厚度小，一般在外径测量中磨损严重，故应尽可能用根部测量。尖端部用于测量窄槽直径和圆筒的厚度。

3 人测量长度。如果被测量物尺寸很大，要注意游标卡尺与被测量物的平行度、尺身的挠度。

13

内测量爪的使用方法

〈内径测量〉

内径测量面的厚度很小，容易碰伤或磨损，所以操作时要特别注意，绝对不能碰撞。

在实际测量时，将游标卡尺的游标尺

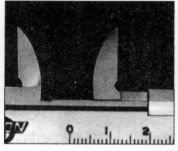

重合、使用游标的内测量爪进行划线，这都是错误的用法。还有，严禁在测量时旋转被测量物。

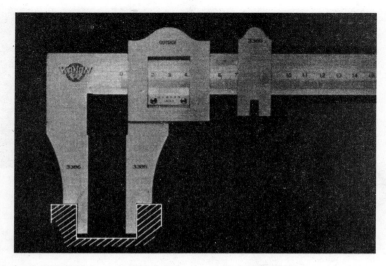

▲内径测量时，M 型用内测量爪，CB 型、CM 型用测量爪的内测量面。

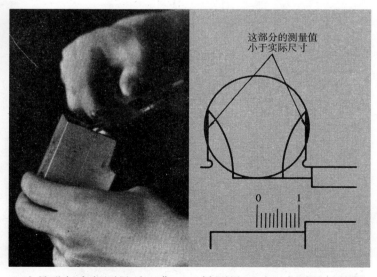

这部分的测量值小于实际尺寸

▲这是进行内径测量时，典型的错误测量法。如照片中，把游标卡尺的内测量爪紧贴被测量面时，内测量爪如图所示与内径两端呈搭桥状，测量结果小于实际内径数值。

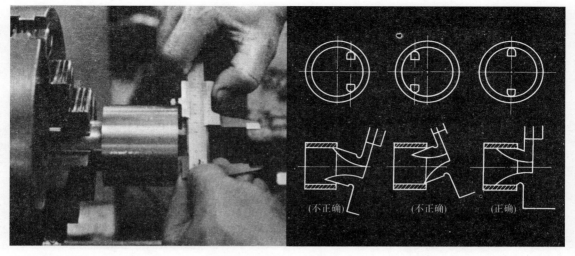

(不正确)　　　　　(不正确)　　　　　(正确)

▲内测量爪一定要对准孔平行放置进行测量，并且要尽量深入孔中。测量时内测量爪的背沟槽部分要露出来。

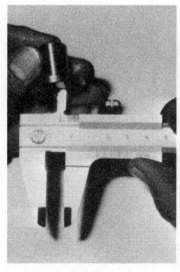

▲内测量爪歪斜放置不能正确测量，会得到比实际小的测量值。

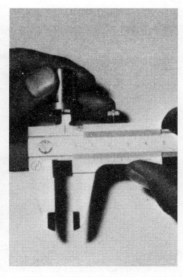

▲把内测量爪轻轻放在被测量物上稍稍转动，然后在标尺标记不变时读数。

▲用内测量爪测量阶梯轴。此外，阶梯高度差用深度尺来测量，也能得到正确的测量值。

深度尺的使用方法

深度尺附于 M 型游标卡尺中，可用于测量孔的深度、台阶、槽深等。测量长度超出 300mm 的 M 型游标卡尺几乎都不带深度尺。从深度尺的刻线可读出深度基准到测量面的长度，其读法与外径测量、内径测量完全一样。

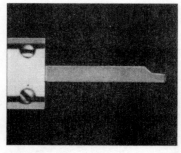

〈台阶·孔深测量〉

用一只手将尺身的深度基准面与被测量物体的面贴紧，用另一只手的大拇指和食指轻轻推动游标滑动。如果这时突然用力推出深度尺，就会损坏深度尺的尖端、可拆卸部，也会损坏被测量物。

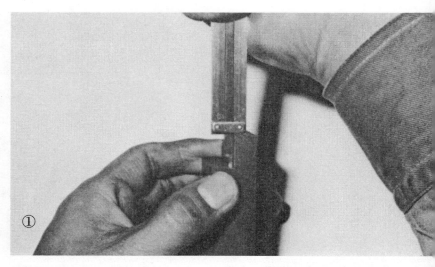

▲用深度尺测量台阶时，由于经机械加工后的棱角处一般带些圆角，最好把深度尺与孔壁紧密接触。如用图①中所示的方法，将深度尺的尖角放在被测量物的圆角

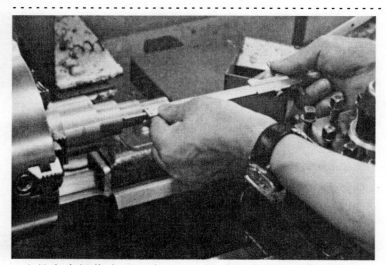

▲这是车床操作中，经常可以见到的场景。当被测物装夹在机床上测量时，要十分注意深度测量面的接触方法和深度尺尖端圆角部的方向。

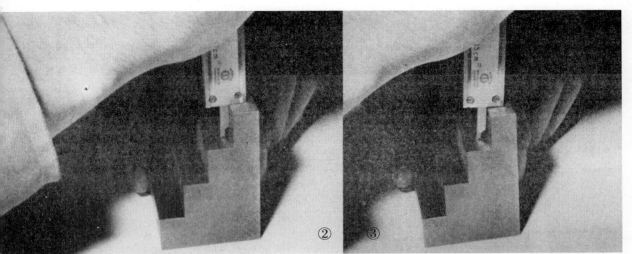

② ③

上，就不能得到正确的测量值。
　　在深度尺的尖端上设有圆角，是为了避开被测量物的圆角。

　　为了正确测量，要使深度尺带圆角的侧面与被测量物的侧面紧贴在一起（见图②），使之可以滑动。如图

③所示，在实际测量中常常会出现倾斜，这一点尤其要注意。

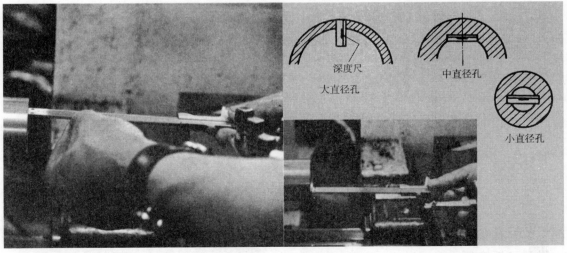

深度尺

大直径孔

中直径孔

小直径孔

　▲深度测量面与孔的端面紧密接触的面积要尽可能大，并在采取基准面接触方式的同时，为使游

标卡尺不移动，还要用左手按住。如照片所示，可与孔的侧端面接触，但这是不稳定的。特别

是由于深度尺在孔底或端面是否正确接触是看不见的，所以必须注意深度基准面的接触方式。

注意放置方式

除了游标卡尺之外，加工操作用的测量工具都是在有切削液、杂质、灰尘的环境中频繁使用的。因此会损坏测量工具。针对这种情况，除了在使用中注意之外，还必须特别注意其存放位置和保存方法。尤其是游标卡尺，由于操作人员常用粘着汗和油的手直接接触标尺标记面并进行测量，脏物、尘土易进入游标内部，缩短游标卡尺的寿命。同时，游标卡尺标记面也会生锈。

在使用过程中，由于专注于工作，随手把游标卡尺放置在切屑和锉刀上面也是错误的，这样会导致精度出现问题。此外，一定要把深度尺推进去放置。

还有，不要让测量仪器与其他工具接触，要将其整整齐齐地排列在一起。在实际的技能鉴定中，是以测量工具放置方法为得分点的。

用后要仔细擦拭游标卡尺，把粘上的切屑和切削液擦干净。检查有无损坏和毛边，如有损坏应立即拿去修理或自己用磨石修整。最后涂上一薄层防锈油，放在盒中保存。

▲这样整齐排列，不要与其他测量工具接触。

▲勿放在切屑上面……

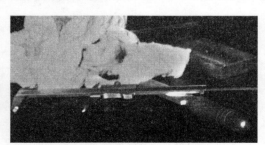

▲怎么能这样，放在锉刀上?!

简单的修整

游标卡尺损坏的情况多种多样。如碰到机床、掉落，会使测量精度变差、不能使用。还有由于使用中不注意，会使内测量爪的尖端损坏。这时只进行简单的修整，可能仍然不能使用。

由于损坏而使精度下降，如果其下降程度微小，例如在容许误差内，能把1级精度卡尺作为2级使用，在不影响精度时就可以使用。损伤程度较大，如能修理，可修理后再使用。

简单的修整方法有以下几种。不过，如果让不熟练的人来修理，反而会把游标卡尺弄坏。修整后必须检查其精度。

1=测量长度变短的游标卡尺，如测量爪尖端有0.02~0.03mm的偏差可以修理。此时在平面回转工作台上用木锤轻轻敲即可。

2=测量爪的平行度稍有偏差时，用锉刀把游标的Ⓐ或Ⓑ面稍微锉去一些。

3=内测量爪磨损出现间隙的情况，把游标卡尺装夹在台虎钳上，用木锤轻轻敲打游标和尺身或某一侧内测量爪测量面的另一侧，使两内测量爪重合，用外径千分尺测量内测量面，同时用磨石精加工。

4=尺身和游标间出现较大间隙时，在平面回转工作台上轻敲击标×的地方。

1=测量爪偏差

轻轻敲击这里，使其发生如虚线所示的变形

尖端开口　　根部开口

2=测量爪的平行度

轻敲这里，使其发生如虚线所示的变形

3=内测量爪磨损

敲这部分，使其发生如虚线所示的变形

4=尺身与游标的间隙

长度漫谈

米标准原器简介★★★★★★★★★★

当今世界机械工业常用的长度单位是米（m）和码（yd）⊖。日本的标准中规定使用米。不过由于日本机械工业产品大多是从欧美引进的，所以螺纹等许多零件尺寸迄今用英寸表示，这常使操作者感到困惑。

米是这样定义的：将通过法国巴黎郊外的子午线从赤道到北极的距离的 1000 万分之 1 作为 1m。

可是，后来因测量技术进步，经过重新测量，发现这个距离有误差。不过原来规定的 1m 的长度仍然沿用。严格地说，现在所用的 1m 的基准长度和地球大小并无关系。

这样确定的世界各国通用的基准长度 1m（温度 0℃时的长度）的标准原器，称为国际米标准原器，保存在巴黎郊外国际计量局。在日本，按该国际米标准原器复制的米标准原器保存在工业技术院中央计量检定所中，作为在日本的长度基准。

制作的国际米标准原器，30 年间仅仅变化 0.0004mm（0.4μm），但据说这并不是由于逐年产生的变化，而是由于每次因测量进行清扫，使指示线发生了变化。日本的米标准原器是铂（90%）和铱（10%）的合金，

1m 误差仅 0.78μm。

这样的米（m），如用在机械加工上，单位太大，在实际制图和表示加工尺寸上也不方便，故把毫米（mm：$1mm=\frac{1}{1000}m$）作单位使用。在表示更小的长度时使用微米：（μm：$1μm=\frac{1}{1000}mm$）。机械加工上不使用厘米（cm：$1cm=\frac{1}{100}m$）。

在图样上填写加工尺寸的单位均是毫米（mm），但长度很大时，例如 12345mm 时，一般不使用分隔符"、"如 12、345，而表示为 12345。因为这样容易和表示小数点

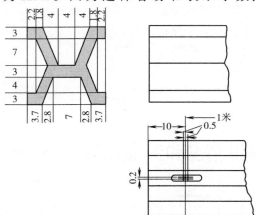

▲米标准原器

⊖ 码，yard 缩写为 yd。——译者注

20

的句号"."○相混淆。

以光波为基准 ★★★★★★★★★★★★

以米标准原器作为长度的基准也存在种种问题,如难以使用。

它随着温度变化而膨胀、收缩(米标准原器的主要成分铂的线胀系数为 $8.6 \times 10^{-6} ℃^{-1}$),温度变化 0.1℃时,1m 约有 1μm 的误差。

内部变形、组织等逐年发生变化,地震、火灾等造成的影响,等等情况使精度变差而产生误差。

由于长度单位是世界各国通用的,必须是永久性的东西。

考虑到这些,感到使用米标准原器不方便,所以产生了新的想法:利用光的波长决定单位长度。经过许多人的实验、研究确定了氪(Kr)这种物质在某种特殊条件下发出光线的波长的 1650763.73 倍的长度为 1m。

确定了这个波长的倍数是永久不变的,无需用物质来保存,任何时候都能用作世界通用的单位长度。

量块的尺寸即是用这个波长测量的。此外,仍有人一直在进行用其他元素波长代替氪波长的探索。

测量精度和测量工具 ★★★★★★★

要测量某个尺寸时,测量精度不一定越高越好。例如在求 0.1mm 的精度时,并不需要从 0.001mm 读起,它是更高的精度,读到

○ 日文的句号是".",也用作小数点。——译者注

游标卡尺的材料

之所以提到游标卡尺材料的选择问题,是由于材料影响着外测量爪和内测量爪等测量面、基准面的耐磨性和耐腐蚀性。

现在所用的游标卡尺几乎都是用不锈钢制造的,而以前是用碳素工具钢制造。

碳素工具钢,制造尺身和游标时的可加工性好,可淬性也好,因而被采用。而且其在价格方面也有优势。反之却存在容易生锈的缺点。由于操作人员用粘满汗和尘土的手抓游标卡尺而容易使之生锈,让游标卡尺的标尺标记常出现看不清的情况。

因而,在 1952 年的时候,出现了不锈钢制的游标卡尺。最初,使用的不锈钢是 2 号(SUS22),它不容易生锈,但因它的硬度小导致耐磨性差,所以后来游标卡尺多使用比 SUS22 含碳量多的不锈钢 3 号(SUS53)。

SUS53 的淬火硬度高、耐磨性好,不易生锈,所以现在几乎都是使用 SUS53。这样有了合适的钢制游标卡尺。现在游标卡尺各部分多用以下材料:

尺身	不锈钢 3 号(SUS53)
游标	不锈钢 3 号(SUS53)
深度尺	不锈钢 3 号(SUS53)
推动螺钉	不锈钢 2 号(SUS22)
〃	机械结构用碳钢 7 号(S40C)
制动螺钉	不锈钢 2 号(SUS22)
〃	机械结构用碳钢 1 号(S40C)
板簧	弹簧用磷青铜板(PBS-SH)
连接	不锈钢 2 号(SUS22)
连接螺钉	不锈钢 2 号(SUS22)

0.01mm 已经足够了。同样的量具，能读到的精度越高，通常价格也越高。

所以高于必要精度的量具未必就是合适的量具。

选择量具时，应该根据被测量物整体大小、形状、材料、表面加工精度、需要的测量精度等选择适当的量具。

选用的量具的测量精度最好比需要的测量精度多测量 1 位数，但在实际测量中能读到需要精度 1/5 的精度就足够了。

例如，需要 0.1mm 的精度时，用来测量的量具应该能正确到 0.01mm。然而实际上能够准确读到 0.02mm 就可以了。

选择量具时除了考虑量具精度之外，

游标卡尺的标记

对于游标卡尺的标记的粗细，一般人们会认为标记细的读数准确，但实际读数时未必如此。因为读各种各样游标卡尺的标尺标记时不使用放大镜，所以标记不是越细越好。

当然，也不是越粗越好。从人的眼睛的功能来看，线的粗细存在色散，刻得清楚的最好。

主标尺和游标尺标记的粗细不同时，不易看清楚。

JIS 规定标记宽度在分度值为 1/20mm=0.05mm 时为100~170μm，在分度值为1/50mm=0.02mm 时，为 60~120μm。这里为了减少因标尺标记而造成的不合格，规定标尺标记宽度最大值和最小值的差在 30μm 以下。

* * *

在不锈钢和碳素工具钢上刻画标尺标记有两种方法：有的使用刻线机，用刀尖直接切削标尺标记的；也有的将感光液涂到材料上，把照片标尺标记的底片放在上面进行曝光、烧刻、显像、腐蚀而成的腐蚀标尺标记。由于热处理使材料硬化，增大了耐磨性，而

使用切削标尺标记的方法会使刀尖损伤严重，所以近来多使用腐蚀的方法。

在此刻画出的标尺标记的深槽中涂上黑色涂料，再烧上印号，其深度以涂料不脱落程度为宜（JIS 对此没有规定），通常深度为0.03~0.06mm。

* * *

游标卡尺标记的分度值，可通过主标尺和游标尺标记重合之处的数值读出，但注意标尺标记的中间位置表示该数值。

* * *

游标卡尺的分度值有 0.02mm 和 0.05mm，分度值为 0.02mm 的游标卡尺能读到 0.001mm的程度吗？

千分尺分度值为 0.01mm，一般可读到0.001mm 的程度，但从游标卡尺的原理分析，不能读到 0.001mm 的程度。

在机械检测工参加技能鉴定的尺寸测量考试中，对于使用游标卡尺进行测量的问题，有的人填写测量值可读到 0.001mm 的程度，这是错误的。最多，只能读到 0.02mm 或0.05mm（根据使用的游标卡尺）。

还要根据分度值、读数值的标准偏差、测量力、测量范围、指示范围等选择适合的量具。

其中分度值是与精度一致的，可是也请注意以下的情况，有些量具自身容许误差比用分度值表示得出的值大，所以分度值小的量具并不一定精度就好。

热膨胀导致的长度变化 ★★★★★

温度一旦变化，被测量物、量具一般都要伸缩。即使被测量物长度是 2m，如果温度变化，其长度也会不同。

高度游标卡尺

高度游标卡尺，是测量高度和划线的操作工具。

游标卡尺是把标尺和卡规合二为一，并带上游标尺；而高度游标卡尺是把标尺、立式标尺、划线架合为一体，并带游标尺的工具。

其结构类似于把游标卡尺的尺身竖直固定为尺身，还带有可上下移动的游标。其使用方法、刻线读法几乎都与游标卡尺相同。

游标上装有测量爪，划线针在该测量爪上通过划线针夹具调整。从基座底面到划线针底面（测量面）的高度显示在标尺上。在主标尺标记和游标尺标记重合的地方读数，读法与游标卡尺相同。

用于划线操作时，按照尺寸要求移动游标使主标尺和游标尺标记重合，紧固游标的制动螺钉和划线针夹具的定位螺钉，这样使基座在平板上滑动就能在被加工物上划线。

其分度值也和游标卡尺一样有 $\frac{1}{20}$mm=0.05mm，$\frac{1}{50}$mm=0.02mm。

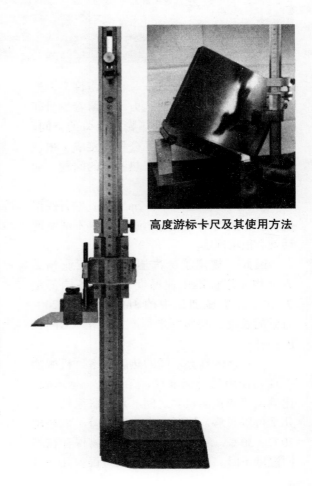

高度游标卡尺及其使用方法

带表卡尺

游标卡尺上带有表盘，能消除由于视差产生的读数误差，节省寻找游标尺标记与主标尺标记重合处的时间。

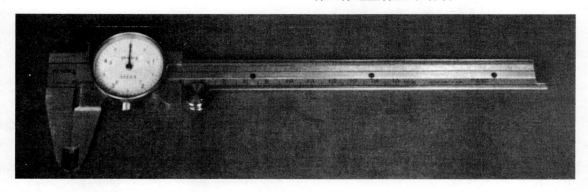

例如，铁轨一般 20m 一根，由许多根连接在一起，在其接头的地方一定留着少量间隙。这是为了铁轨因受热膨胀而留的空间。当然也有像新干线那样几公里焊接成 1 根铁轨的，可它也充分考虑了热膨胀的问题，通过用螺栓紧固抵消膨胀。

暂且离开正题，对于 2m 来说，它是在温度为多少度时的长度呢？这如果弄不清楚的话就会很难理解。

因此，规定了标准温度。与工业相关方面均使用标准工业温度，世界各国都定为 20℃。机械加工中的 1m，是温度 20℃时候的长度，与国际米标准原器在 0℃ 的长度一样。

不同物体具有不同的热膨胀率，机械加工现场使用的游标卡尺、千分尺、指示表、比例尺等和被测量物之间，热膨胀系数之差几乎可以忽略。同时，考虑温度差不能超越 20℃±30℃，所以量具和被测量物保存在相同温度下时，由温度产生的测量误差几乎可忽略不计。

然而在工厂，有时会从保管所拿出量具立即进行测量，因为量具大多在黑暗而寒冷的地方保管，故应使量具温度与测量场所温度一致之后方可使用。

另外，经过切削加工的被测量物遗留着切削热，所以停止加工后不能立即测量，要等到室温、量具和被测物的温度相等后再进行测量。

车床、铣床等的操作加工受温度的影响小。而坐标镗床和磨削加工等精度非常高的机械加工受温度的影响大，因此这些机械加工车间应有温度调节设备（恒温室），调节室温并保持在 20℃ 左右。

线 胀 系 数 $\alpha_1 \times 10^{-6}$　　　　单位：$℃^{-1}$

铅	29.2	青铜	17.5	玻璃	8.1
锌	26.7	金	14.2	陶器	3.0
铅	23.8	铁	12.2		
铜	18.5	钢	11.5		
黄铜	18.5	铬铜	10.0		

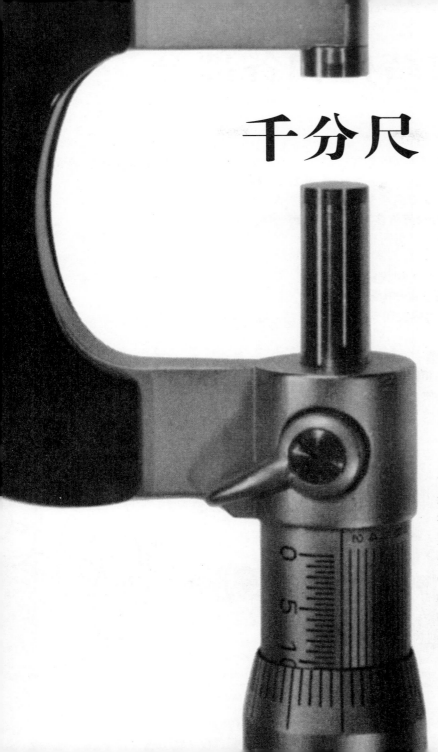

千分尺

　　千分尺与游标卡尺一样是卡规式量具的一种，利用外螺纹和内螺纹配合使测微螺杆进行微动进给。通过螺纹旋转角度和直径的变化从刻线上读出数值，分度值为 0.01mm（或 0.001mm）。使用熟练时，能用 0.01mm 的千分尺正确读到 0.002mm 即 2μm。为了提高测量精度可使用千分尺。但如果采用不正确的方法测量，千分尺所具有的高精度就没有意义了。

千分尺的结构和各部分的名称

千分尺是工厂和学校的实习车间等最常使用的现场用量具。

千分尺分为外径千分尺、两点内径千分尺、公法线千分尺、螺纹千分尺等许多种。其中经常使用的是外径千分尺，一般所说的千分尺即指外径千分尺。

千分尺和游标卡尺一样都是卡规式量具的一种，测头（测微螺杆）通过螺纹传动进行微量进给，利用标准螺距的螺纹可测量 25mm 的长度。

尺架的一边与带内螺纹的螺纹轴套相连；另一边与带测量面的固定测砧相连。固定测砧前端为测量面（大多使用硬质合金材料），另一端微分筒与调节螺母和螺纹部分紧密相连，外螺纹具有标准的螺距。

固定套管是与螺纹轴套紧密连接的筒形体，在轴向上刻着与螺纹螺距对应的标尺标记。固定套管 0 标记的背面有小孔，用以校正 ± 0.02mm 左右的仪表误差。

微分筒固定在测微螺杆的一端，为了便于旋转在外侧圆一端刻上网纹滚花，另一端斜面上刻着细分测微螺杆的螺纹螺距的标尺标记。

棘轮测力装置是限制测量力大小的机构。

锁紧装置能限制测微螺杆的旋转。

固定套管上刻着的标尺标记数值，一般见 27 页的表。

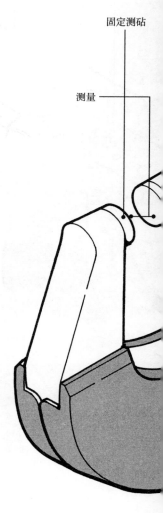

固定测砧

测量

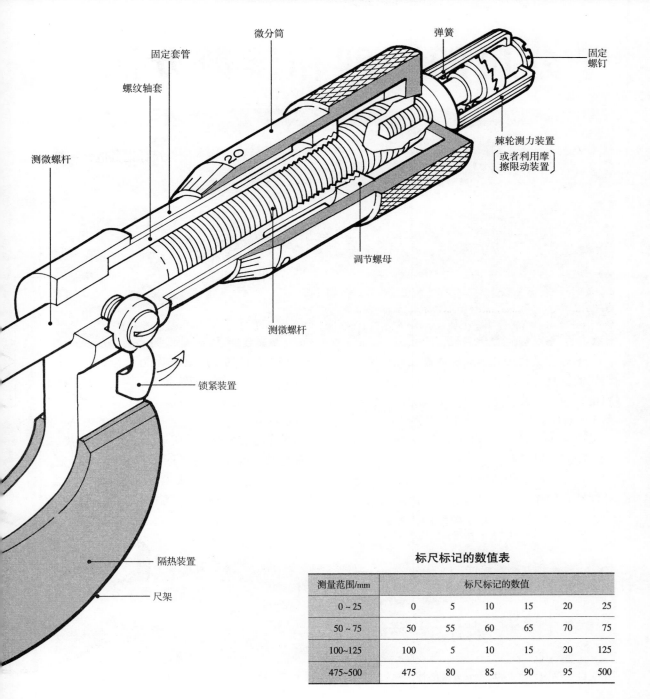

固定套管

微分筒

弹簧

固定螺钉

螺纹轴套

测微螺杆

棘轮测力装置
〔或者利用摩擦限动装置〕

调节螺母

测微螺杆

锁紧装置

隔热装置

尺架

标尺标记的数值表

测量范围/mm	标尺标记的数值					
0～25	0	5	10	15	20	25
50～75	50	55	60	65	70	75
100~125	100	5	10	15	20	125
475~500	475	80	85	90	95	500

千分尺的原理和读数方法

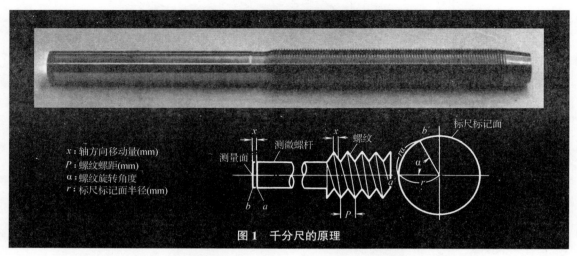

x：轴方向移动量(mm)
P：螺纹螺距(mm)
α：螺纹旋转角度
r：标尺标记面半径(mm)

测量面　测微螺杆　螺纹　标尺标记面

图1　千分尺的原理

千分尺是利用外螺纹和内螺纹配合原理制成的量具。将外螺纹和内螺纹的任意一方固定，另一方旋转 1 周，为单线螺纹时仅移动 1 个螺距。螺距为 0.5mm 时仅移动 0.5mm。如果让它旋转 1/n 周，则仅移动 1/n 螺距。图 1 是千分尺的原理。

千分尺所使用的螺纹螺距是 0.5mm。与外螺纹直接连接的标尺盘（微分筒）上的标记外圆周 50 等分。所以如果使外螺纹转 1

周，即微分筒转 1 周（转动 50 个标记）移动 0.5mm。旋转 1/50，即转动 1 个标记时，则移动 0.5mm × 1/50＝0.01mm。这时，分度值为 0.01mm。

固定套管如照片 1 所示上下侧均有标尺。上侧是分度值为 1mm 的标尺，下侧标尺标记在 1mm 分度的中间，表示 0.5mm。如照片 2 所示，微分筒移动 50 个标记，即转 1 周时，固定套管仅仅移动下侧的 0.5mm 标记长度。

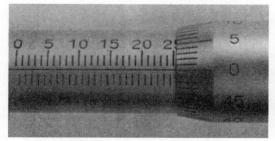

照片 1　显示 1mm 和 0.5mm 分度的标尺标记

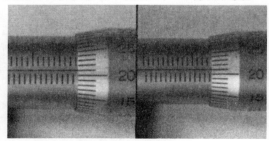

照片 2　转 1 周向右侧前进 0.5mm

如果将微分筒的标尺盘的直径放大，标尺间距放大，则更容易读数。因为这样能使标尺标记变细，也能读出更小的数值。照片3是安装在某测量工具上的装置。

标尺的读法

夹紧被测量物体，旋转螺母，使棘轮测力装置空转时读出标尺数值，否则标尺读取错误，会造成产品精度不良或出现废品。

除了要注意采取容易读取标尺数值的测量姿势外，还要注意固定套管的标尺，特别是下侧的 0.5mm 线是否能看到，时常会因此而造成 0.5mm 的读数误差。

读数方法如图 2 所示，首先读固定套管的标尺数值，然后读微分筒的标尺数值，最后将两者相加。

读标尺时，由于两个标尺标记面（固定套管和微分筒）不在同一平面上，因读标尺的视线不同产生视差。因此读标尺时，为了不出现视差，要养成保持眼的位置不变，从相同方向读标尺数值的习惯。

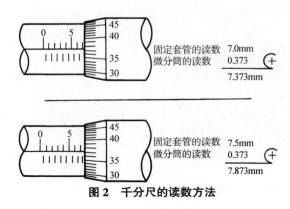

图 2　千分尺的读数方法

29

测量力

用千分尺测量时，旋转测力微分筒带滚花的一端，如旋转力过大，会损伤被测量物或产生测量误差。为防止出现这种情况，要用适当的测量力，大于一定标准以上的力均

▲棘轮测力装置

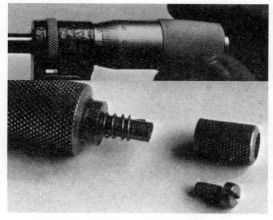

▲摩擦限动测力装置

不传给测微螺杆。实现这种功能的机构被称为棘轮测力装置或摩擦限动装置。

●棘轮测力装置

弹簧推动特定齿形的棘轮转动，该棘轮与齿形相同的棘轮啮合传动，如果测量力大于一定标准，棘轮就空转并发出"喀吱喀吱"的声音。由于棘轮的齿面一边是斜面，另一边是竖直纵断面，所以不能反方向旋转。

●摩擦限动测力装置

弹簧卷在心轴上，向其施加大于一定标准以上的力时，通过弹簧和侧面的摩擦阻力，产生空转。

JIS 针对测量力的规定见下表。旋转棘轮进行空转时，测定长小于100mm 的物体，可以考虑施加 JIS 所规定的 3.92~5.88N（400~600g）的测量力。

实际操作时，被测量物并非全部都是固定的，有时必须用左手拿着被测量物，用右手拿千分尺测量。这种情况下，几乎所有人的手指都触不到棘轮，只能旋转微分筒进行测量。这种情况下测量力易出现问题，必须通过一定的练习才能使测量力达到要求。

因此实际测量时，请尽量在被测量物固定在机床的状态下旋转棘轮进行测量。

此外，棘轮测力装置也有装在微分筒里面的。

JIS 所规定的测量力

最大测量长度/mm	测量力/N
小于100	3.92~5.88
100~300	4.90~6.86
300~500	6.86~9.80

锁紧装置

使用锁紧装置可使测微螺杆固定不动。测量时旋转棘轮，得到测量值后，用锁紧装置使测微分筒固定，把千分尺从被测量物上拿下来读取数值。

锁紧装置因厂家不同而有多种。

● 拨杆式

这是使用最多的方法。在销轴锁紧的杆上切削出凸轮状的槽，通过旋转锁紧销来紧固微分筒。

● 圆环式

在尺架轮毂中央部嵌入两个环，内侧圆环上有用来紧固的螺旋形槽。其中开有圆槽，槽中配有销。其外是外侧圆环，转动此环，可使销与槽的狭窄处挤压，使内侧环紧固，从而使测微螺杆固定。

▲拨杆式

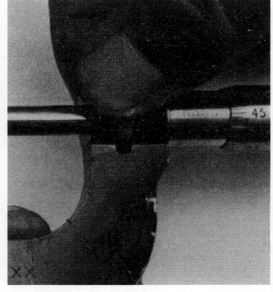

▲圆环式

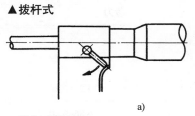

a)

▲拨杆式的结构

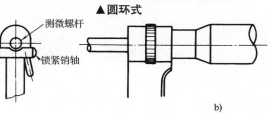

b)

▲圆环式的结构

不仅千分尺，任何量具如果原点不正确，即便正确读出所显示的标尺数值，也不能得到正确的测量结果。

对千分尺，就更需要 0 点完全重合一致。千分尺并不是总能保持刚买来时的精度，在使用中会出现精度误差。因此要定期对其检查，以保证千分尺的精度准确。

0 点重合的方法

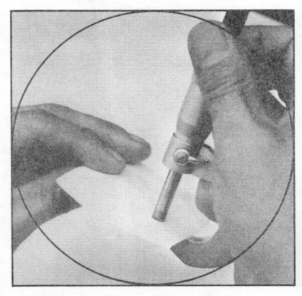

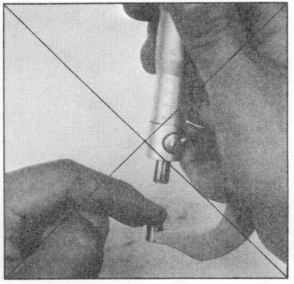

▲要使 0 点重合，首先要使与被测量物接触的固定测砧和测微螺杆的两测量面保持干净。

最好用麂皮和纱布擦拭，也可在两测量面之间夹一张干净的纸，把纸轻轻拉出，两测量面就能清洁干净，禁止用手指擦（错误示例）。

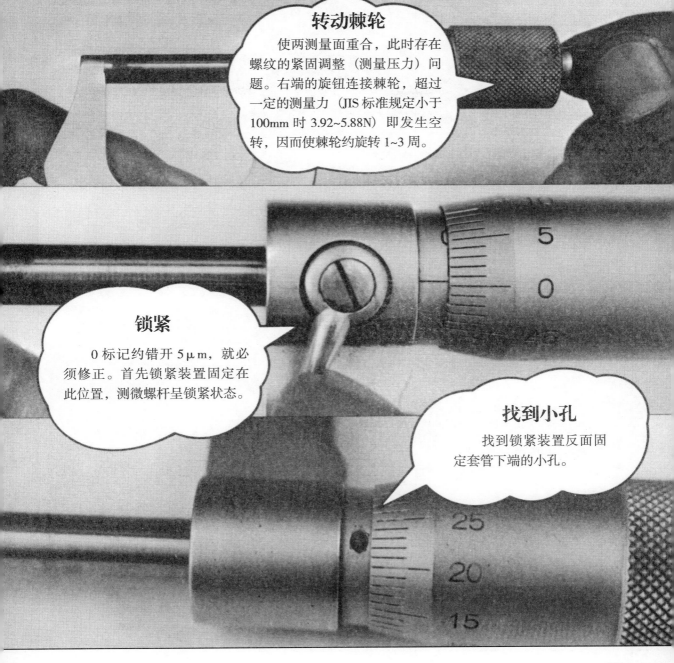

转动棘轮

使两测量面重合，此时存在螺纹的紧固调整（测量压力）问题。右端的旋钮连接棘轮，超过一定的测量力（JIS 标准规定小于 100mm 时 3.92~5.88N）即发生空转，因而使棘轮约旋转 1~3 周。

锁紧

0 标记约错开 5μm，就必须修正。首先锁紧装置固定在此位置，测微螺杆呈锁紧状态。

找到小孔

找到锁紧装置反面固定套管下端的小孔。

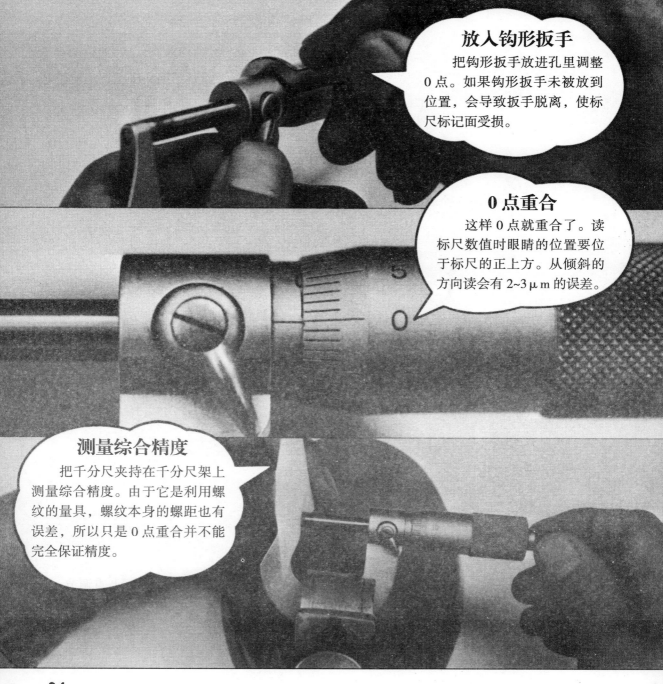

放入钩形扳手
把钩形扳手放进孔里调整 0 点。如果钩形扳手未被放到位置，会导致扳手脱离，使标尺标记面受损。

0 点重合
这样 0 点就重合了。读标尺数值时眼睛的位置要位于标尺的正上方。从倾斜的方向读会有 2~3μm 的误差。

测量综合精度
把千分尺夹持在千分尺架上测量综合精度。由于它是利用螺纹的量具，螺纹本身的螺距也有误差，所以只是 0 点重合并不能完全保证精度。

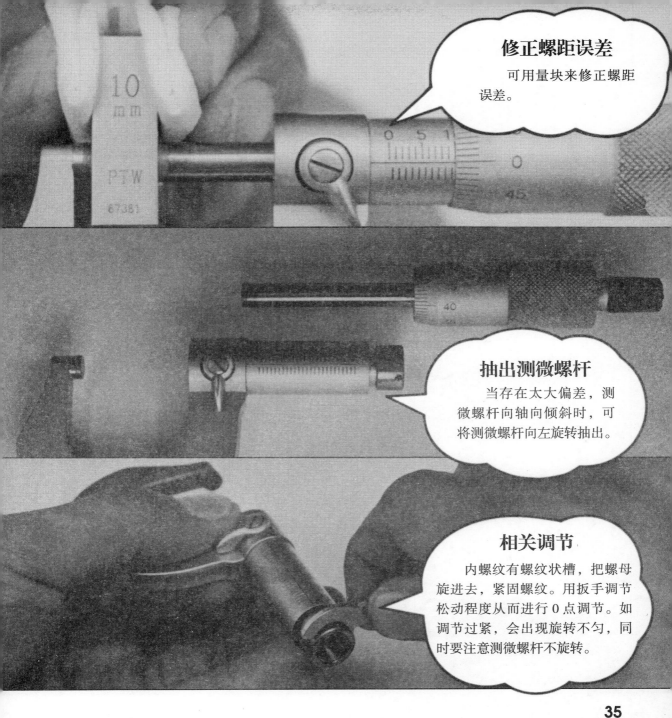

修正螺距误差

可用量块来修正螺距误差。

抽出测微螺杆

当存在太大偏差,测微螺杆向轴向倾斜时,可将测微螺杆向左旋转抽出。

相关调节

内螺纹有螺纹状槽,把螺母旋进去,紧固螺纹。用扳手调节松动程度从而进行0点调节。如调节过紧,会出现旋转不匀,同时要注意测微螺杆不旋转。

实际的测量方法一
（小件的测量）

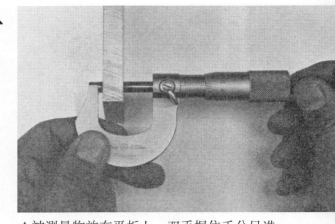

▲被测量物放在平板上，双手握住千分尺进行测量，是基本方法。测量之前，要搞清测量面是否带有脏物和油。然后一定要使棘轮测力装置空转 1~3 周，使测量力一定，读标尺。

▶被测量物为圆形时，将其放到 V 形架或槽里测量较方便，而且可用双手操作。如果不使用棘轮测力装置，测量值就会不准确。

▲这是一只手使用千分尺的方式。把小手指绕在尺架上夹住。用这种方法时因为手指达不到棘轮测力装置，所以要求动作熟练并保持正确测量力。通常使用量块时，需要通过练习使测量力保持一定。一些公司以用一只手灵活、正确地使用千分尺，作为技能鉴定的审查资格的第1条。

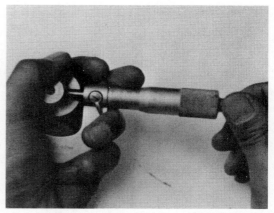

▲这是测量物不放在台子上，使用棘轮测力装置的测量方法。用左手拇指和食指夹持被测量物。这个方法测量物容易掉下，尺架与手的接触面积大，热量传导也多，所以不推荐使用。

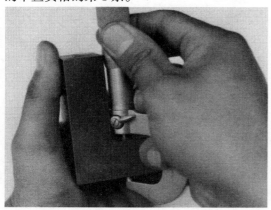

▲俗话说："傻子也会用剪子"，如果会用就能发挥作用。用量具测量时必须采取正确的方法。用图中的方法不能测量被测物的转角部分。

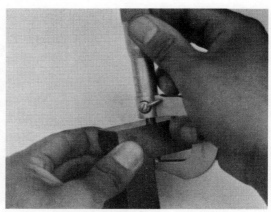

▲稍许变化被测量物的方向，能简单进行转角部分的测量。这是测量的第一步。

37

实际的测量方法二
（直接在机床上测量）

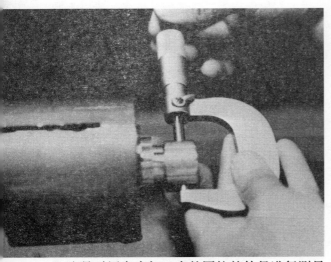

▲这是对用车床加工中的圆柱的外径进行测量的常见示例。左手紧紧握住尺架。

▲如上面2张照片所示，握持千分尺的位置太接近固定测砧一边，千分尺不稳定。而且微分筒和固定套管的标尺标记和视线看起来是在一条直线上。

在车床、铣床、磨床等的操作中，被测量物装夹在机床上进行测量是很常见的。

这时用千分尺测量需注意以下几点。

① 注意被测量物是否停止运动。

② 测量中时时注意 0 点重合，由于易粘切削液、润滑油、脏物，要把两个测量面擦干净。

③ 改变测量部位时，尽量将量具拿出后再移动，不要在测量面接触工件的情况下移动。

④ 使测微螺杆的轴线与要测量的长度方向重合。

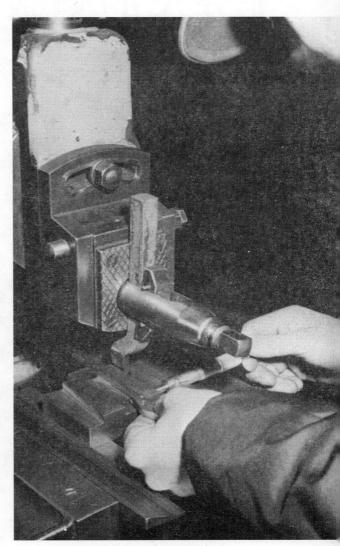

▲这是在牛头刨床上正确的测量方法。

▲不能用这种方法测量。左手腕太接近车床的卡盘，如不注意碰到什么东西使电闸合上，车床突然开始旋转是很危险的。

千分尺的测微头

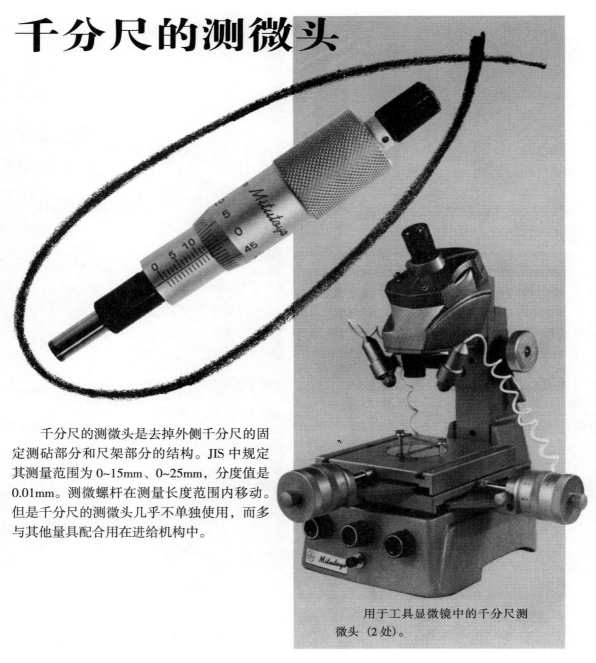

千分尺的测微头是去掉外侧千分尺的固定测砧部分和尺架部分的结构。JIS 中规定其测量范围为 0~15mm、0~25mm，分度值是 0.01mm。测微螺杆在测量长度范围内移动。但是千分尺的测微头几乎不单独使用，而多与其他量具配合用在进给机构中。

用于工具显微镜中的千分尺测微头（2处）。

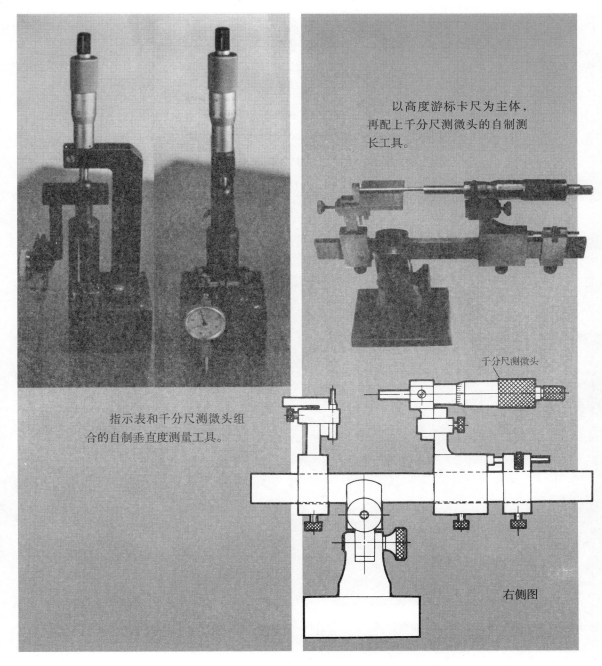

指示表和千分尺测微头组
合的自制垂直度测量工具。

以高度游标卡尺为主体，
再配上千分尺测微头的自制测
长工具。

千分尺测微头

右侧图

41

大直径物体的测量

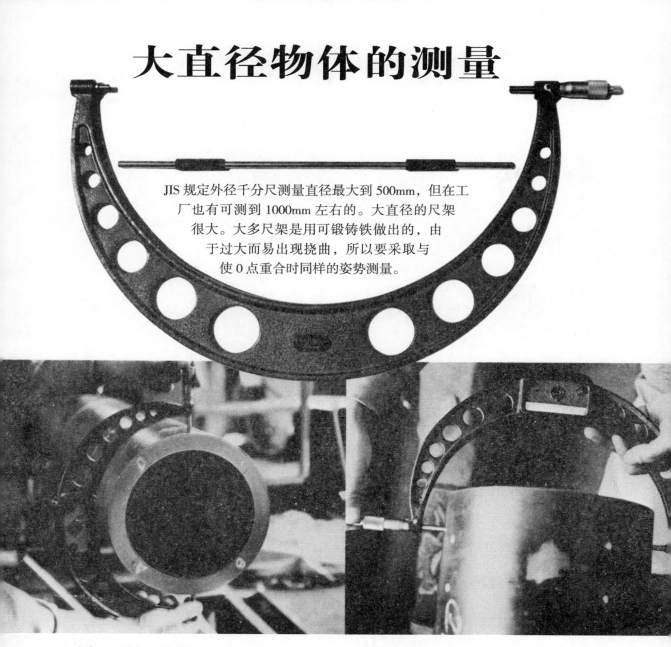

JIS 规定外径千分尺测量直径最大到 500mm，但在工厂也有可测到 1000mm 左右的。大直径的尺架很大。大多尺架是用可锻铸铁做出的，由于过大而易出现挠曲，所以要采取与使 0 点重合时同样的姿势测量。

▲千分尺必须双手握持。注意预防由于千分尺的自重而使尺架产生挠曲。本图是垂直测量。

▲这是使千分尺处于水平进行测量的例子。

▲纵向的 0 点重合（左）和横向的 0 点重合（右），使用与 0 点重合时同样的姿势进行测量。

▲像这样千分尺整体重心位于固定测砧正上方，是正确的测量方法。

▲也有如此大的千分尺。最大测量长度为 3m。测量时要用吊车悬挂，两名工人同时进行测量。

卡尺形内径千分尺

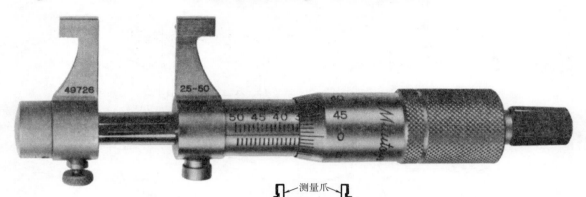

▲卡尺形内径千分尺的测量方法与游标卡尺的内测量爪测量的方法相同。

　　与外径千分尺不同的是，内径千分尺的内测量爪是边分开边测量，所以标尺数值是如照片所示向右变小。

　　另外，微分筒的标尺数值也是反向的。

　　但微分筒与外径千分尺相同为右转，测量爪在外侧移动。

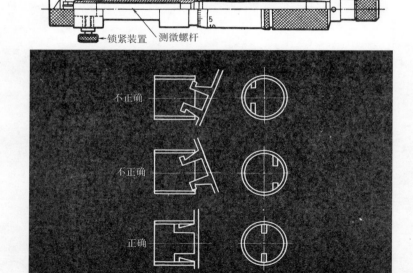

測量爪　　　螺纹轴套　微分筒
双螺母　　導管　固定套管　　棘轮测力装置
锁紧装置　测微螺杆

不正确

不正确

正确

▲内径千分尺的 2 个测量爪，必须与孔径垂直接触，同时从横向看，量爪如果不是水平进入孔内，就不能正确测量尺寸。

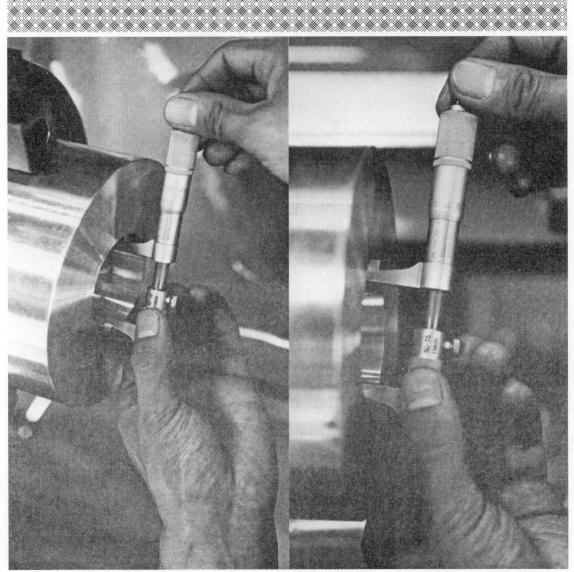

▲正确握住滚花部分，用力
旋转，稳定后读数。这是正
确的测量方法。

▲不能在接触测量面时进
行移动，这是不正确的测
量方法。

两点内径千分尺

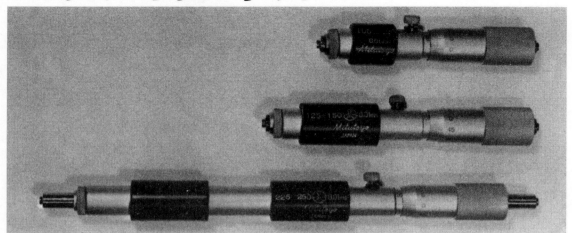

▲此为两点内径千分尺（单杆型），在 JIS 标准中的正式名称为棒形内径千分尺（中国标准名称为两点内径千分尺）。与内径千分尺外形相同，但与卡尺形的外形不同。JIS 中规定测量长度为从最小的 50mm 到最大 500mm，然而实际可测到 1000mm。

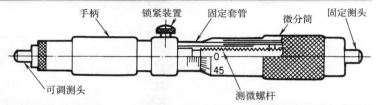

手柄　锁紧装置　固定套管　微分筒　固定测头

可调测头　测微螺杆

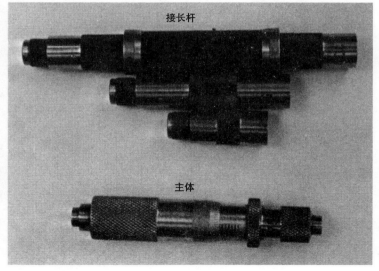

接长杆

主体

▶有接长的内径千分尺，由主体和接长杆构成，把接长杆装到主体上，能测量较大的内径。接长杆有 25mm、50mm、100mm、200mm、400mm，可将几根接在一起使用。

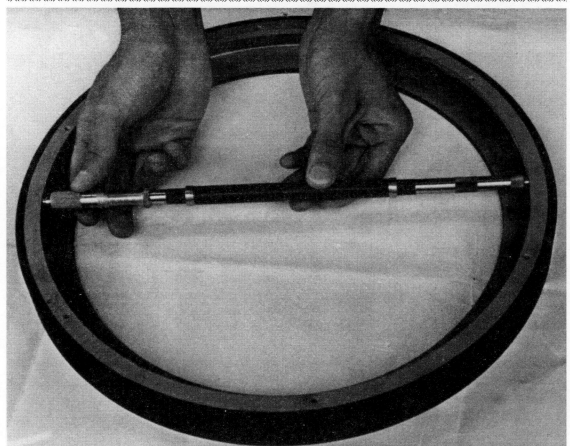

▲这是接长使用的两点内径千分尺示例。可用双手测量，但如果不是很熟练，就很难测到正确的内径。还有，因为没有棘轮那样的测力装置，难以保证一定的测量力。

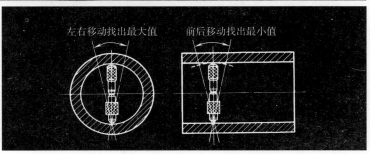

左右移动找出最大值　　　前后移动找出最小值

深度千分尺

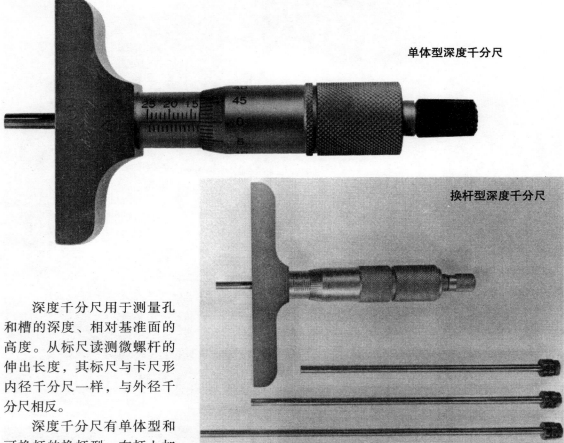

单体型深度千分尺

换杆型深度千分尺

深度千分尺用于测量孔和槽的深度、相对基准面的高度。从标尺读测微螺杆的伸出长度，其标尺与卡尺形内径千分尺一样，与外径千分尺相反。

深度千分尺有单体型和可换杆的换杆型、在杆上加标尺的带标尺换杆型等。

使用时注意以下几点：

① 基座面积大，要注意被测量物的基准面上是否粘有尘土和油、毛刺等。

② 测量孔和槽时，由于完全看不到测量面的情况，为确认测量杆是否接触到了测量面，要移动基座多测几次。

③ 由于被测量物的平面度误差和边沿处偏斜，测量值参差不一，要反复测量几次。

④ 用换杆型时，替换杆为 25mm，选择好与被测量物接触的测量杆，将其固定在千分尺上，注意不要粘有尘土和油。

▲如本照片所示，使基座与被测量物基准面精密重合，使棘轮空转 2~3 周再进行测量。

▲只用基座一边固定测量不稳定，测量力也会变动，很难得到正确的测量值。

▲基座放置方法正确，但施压的方法不对，使得基座的一边易翘起。

▲工件装夹在机床上进行测量的示例。

杠杆千分尺

杠杆千分尺是外径千分尺的一种。尺架里设置指示表，通过按钮控制测砧开闭。

千分尺部分分度值为0.01mm，可动范围为25mm，以25mm为单位，最大测量长度为100mm。指示表最小分度值小于0.002mm。

该杠杆千分尺没棘轮测力装置，用按钮控制可调测砧，使测量力的值一定。

指示表的标尺分度为±0.02mm。该分度值可以扩大600倍。

右侧照片中按钮设在与上图相反的方向。

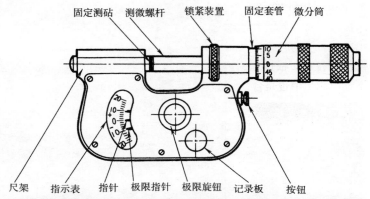

固定测砧　测微螺杆　锁紧装置　固定套管　微分筒

尺架　指示表　指针　极限指针　极限旋钮　记录板　按钮

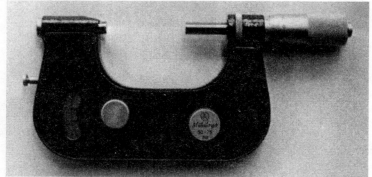

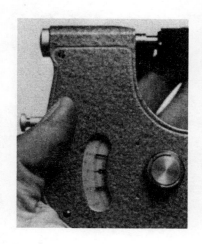

◀任何量具测量长度时都需要0点重合。杠杆千分尺也一样，使测微分筒和固定套管的基线相互重合，按几次按钮让指针指0。

▶当实际使用时，为了从指示表指针读到0.01mm以下，使指针在一定的位置上停止摆动后再夹紧。

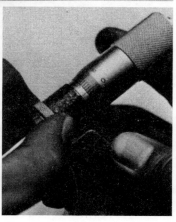

50

▼用极限指针确定指示范围。用极限指针（粗针）表示加工出的被测量物的公差范围。测量值如在这2根针之间，即使不读出测量值也是合格品。

▼用极限旋钮移动极限指针。旋钮有内侧和外侧2个。旋转外侧旋钮时，极限指针的间距不变，整体移动，以此确定上限。

▼旋转内侧旋钮时,仅移动极限指针下侧的针。由此确定极限指针的上下位置。

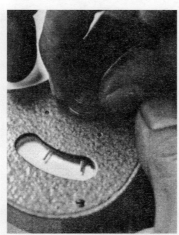

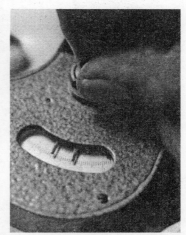

▶实际测量时，首先在按下按钮的状态下，使固定测砧和测微螺杆分开，把被测量物准确放入其间，轻轻放松按钮。一面仔细观察指针位置，一面按压按钮2~3次。这时指针如果在极限指针内就是合格品。

公法线千分尺

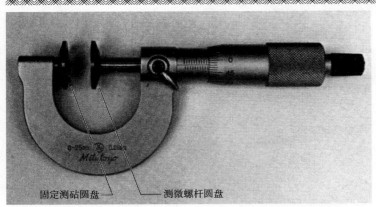

固定测砧圆盘　　测微螺杆圆盘

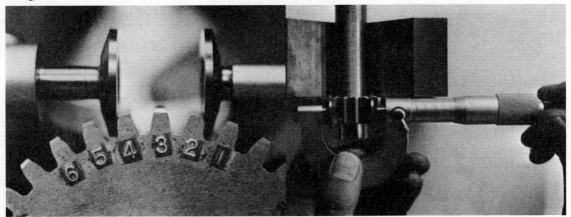

W 分度圆

公法线千分尺用于测量直齿轮和斜齿轮的公法线长度。

其形状与外径千分尺类似，在固定测砧和测微螺杆的端部带着圆盘状的测头。JIS 规定，分度值是 0.01mm，最大测量长度小于 100mm。当然，与外径千分尺一样也是以 25mm 为单位。

圆盘状的测头（测砧圆盘和测微螺杆圆盘）之间跨 R 个齿测量。将分度圆与渐开线两端齿形曲线交点之间的长度用 W 表示。

此时测量面是在轮齿断面的渐开线曲线的交线方向，尽量选择接近标准分度圆的公法线齿轮。

▲先测量 3 个齿的距离，然后测 4 个齿的距离，就可以得出齿轮的齿距。请仔细观察两圆盘的接触方式。从侧面看和上面看都是牢牢地贴着轮齿。注意避免把测头的一端贴在齿根，或者一端贴在齿顶，避免在轮齿上端测量。

螺纹千分尺

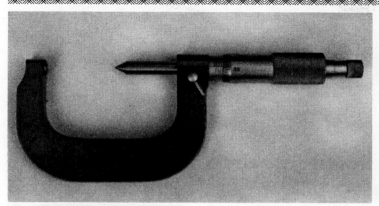

千分尺称为螺纹千分尺。

其形状很像外径千分尺，不同之处只是固定测砧上带V形槽测量爪，测微螺杆上带圆锥测量爪。

其使用方法基本上和外径千分尺一样。因为测量范围为0～25mm，把测量爪闭合对齐时，读数为0。把被测量物（螺纹）夹在测量爪之间可直接读有效直径。

▲图中"P0.4-0.5"是什么？是表示螺距。在正确测量中径时，V形槽测量爪必须牢牢地与螺牙接触。使用时根据不同的螺距来选用。

可根据螺纹螺距更换测量爪的称为可换测砧式螺纹千分尺；把测量爪固定的称为固定式测量爪螺纹千分尺。

用来测量外螺纹中径的

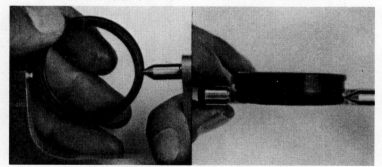

▲无论从侧面看，或从上面看，固定测砧和测微螺杆都

大致位于圆的中心线上，这是正确的测量方法。

▲25～50mm以上时用标准量规调整0点，0～25mm无需

使用。

● 使用方便的外径千分尺

1 数显（直读式）外径千分尺

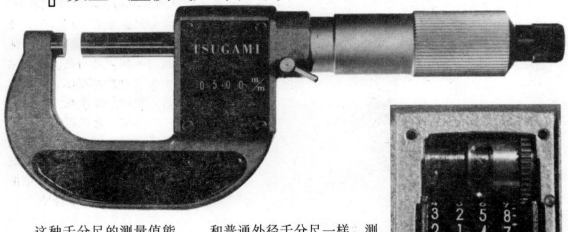

这种千分尺的测量值能直接读出数值。可避免普通千分尺常常发生的标尺读取错误，以及由于视差而导致出现测量误差等事故。

这种千分尺的使用方法

和普通外径千分尺一样。测量值最后位数的单位是0.01mm，计数器最后数字为横向刻线的宽度，为5μm，能读到微米单位。

3 带表千分尺

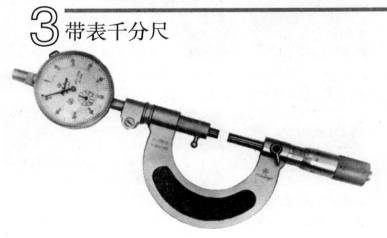

把指示表安装在普通的外径千分尺的固定测砧侧，测砧可移动。指示表标尺的分度值能达到0.01mm、0.001mm。使用方法和杠杆千分尺一样。把一定规格的千分尺测头用夹紧装置固定，把被测量物夹在固定测砧和测微螺杆之间，在指示表上读出尺寸误差。

便化，各厂商正在开发各种各样的新产品）

2 直进式千分尺

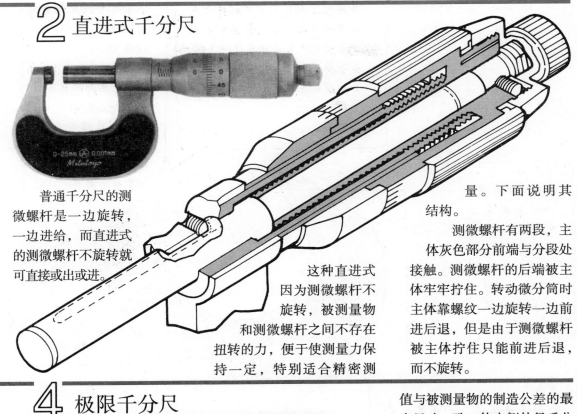

普通千分尺的测微螺杆是一边旋转，一边进给，而直进式的测微螺杆不旋转就可直接或出或进。

这种直进式因为测微螺杆不旋转，被测量物和测微螺杆之间不存在扭转的力，便于使测量力保持一定，特别适合精密测量。下面说明其结构。

测微螺杆有两段，主体灰色部分前端与分段处接触。测微螺杆的后端被主体牢牢拧住。转动微分筒时主体靠螺纹一边旋转一边前进后退，但是由于测微螺杆被主体拧住只能前进后退，而不旋转。

4 极限千分尺

把2个千分尺测头平行安装，其原理与普通外径千分尺相同。使用方法与光滑极限量规一样，使外径千分尺测头数值与被测量物的制造公差的最大尺寸一致，使内侧外径千分尺测头数值与制造公差的最小尺寸一致，则外侧外径千分尺的作用相当于光滑极限量规的通端，内侧外径千分尺的作用相当于止端。这种极限千分尺不像光滑极限量规那样存在测量范围狭窄、限定在一定尺寸的问题，最大测量长度为25mm，因此使用非常方便。

千分尺的检验

● 孔口部松动
测微螺杆附近引导部松斜，平面度虽然好，但把量块放在两测量面之间夹住测量平行度时，和夹住光学平行平晶测量时就会出现测量值极不同的情形。
修整 NO —
买新品。

● 锁紧装置
不能完全固定测微螺杆的情形。
修整 OK —
制造公司生产的不同锁紧装置的结构也不同，没有一定的标准。抽出测微螺杆，摘下夹紧装置擦掉灰尘再装上。
不完整的要委托厂家。

● 测量面毛刺端
碰到被测量面，部分起毛刺的情形。
修整 OK —
用抛光了的磨石将面上的毛刺轻轻擦掉。不要太用力，要轻轻地磨去。

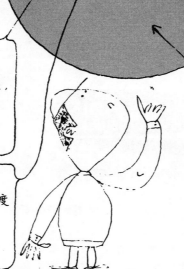

● 平面度
平面变得粗糙，平面度较差，大于 0.6μm 的情形。
修整 OK —
委托厂家。

● 平行度
固定测砧、测微螺杆的平行度超过规定值的情形。
修整 OK —
委托厂家。

● 尺架扭曲
在车床旋转时测量，碰在机械上，使尺架扭曲。还有代替 C 形夹使用的情形。
修整 NO —
买新品。

● 配合
测微螺杆的旋转卡住或变得沉重、滞涩。
修整 OK —
把棘轮、微分筒拆下，把测微螺杆从螺纹轴套的内螺纹拆下，用汽油里外洗干净，干燥后加入润滑油组装。这样做还不灵活时，可使测微螺杆转几周磨光。
这种损坏程度任何的工厂都能修，最好进行定期检查时洗净检查。

● 棘轮
棘轮的旋转变得沉重、滞涩、卡紧时。
修整 OK —
拆下棘轮，用螺钉旋具卸下螺栓、弹簧和爪，并将其洗净，清掉内部的油和尘土。进行以上修理操作还不能修好时，要全部更换棘轮。
这种损坏程度任何工厂都能修，最好进行定期检查时洗净检查。

● 精度
标尺分度超过规定的 2μm 的情形。
修整 OK —
委托工厂。

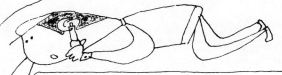

● 螺纹咬紧的情况
螺纹里进入灰尘，勉强转动，螺纹咬紧导致不能转动的情形。
修整 NO —
咬紧的程度少时能修理，咬紧严重时必须更换测微螺杆，最好买新品。

● 螺纹断面形状
紧固内螺纹部的锥形螺母时，部分出现有"喀达喀达"响，或者部分出现滞涩、转不动的情况。
修整 NO —
螺纹松动少的，拧紧锥形螺母，多转几次。松动多的要换新品。

● 标尺
标尺被损坏不能清楚读数的情形。
修整 OK —
微分筒固定套管能更换的可以修理。

千分尺性能的判断方法

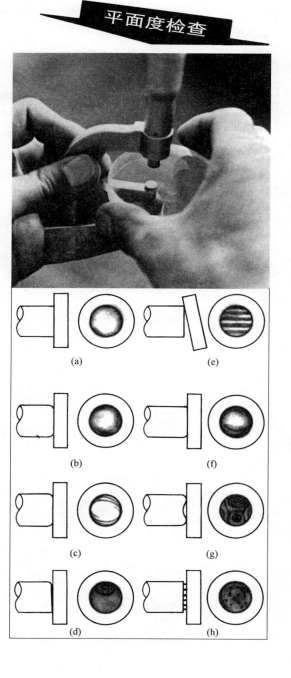

平面度检查

(a)
(b)
(c)
(d)
(e)
(f)
(g)
(h)

对于千分尺测量到的长度是否正确，要判别这件事是很费精力和时间的。一般认为测量人员使用的千分尺正确，然而它是否真的正确就不得而知了。由操作人员轮流检查，有时会将本来加工合格的产品淘汰。

这不仅是测量工具的使用方法不正确、操作错误、读数错误导致的，也有因为量具误差大而造成的。

影响外径千分尺性能的，有固定测砧与测微螺杆测量面的平面度、平行度、综合精度、测量力等。

1. 测量面的平面度

使光学平行平晶紧贴测量面，看清由白色光产生的红色干涉条纹的数目。

测量面为平面时，由于其周边有少量破损，可见周边稍稍呈现出淡淡的颜色。继续压紧可呈现一种颜色，不出现条纹。

平面度不好时，出现条纹花样。对于不同的平面形状，条纹花样不同，条纹花样的数也不同。

JIS B 7502 中规定，千分尺的最大测长度小于 250mm 的干涉条纹的数是 2 条以下，250mm 以上的为 4 条以下。

平行度检查

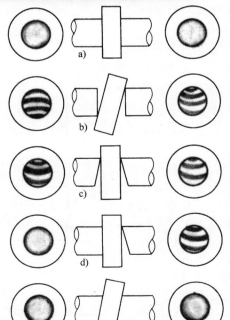

a)

b)

c)

d)

e)

2. 测量面的平行度

将两测量面擦拭干净，把光学平行平晶作为被测物夹在两测量面之间，读出干涉条纹数，验证平行度。再从固定测砧测量面、测微螺杆测量面分别与测微螺杆的轴线成 30° 的方向读出条纹数。

3. 综合精度

在两测量面之间装夹量块，根据千分尺的读数和量块长度之差检查精度。

4. 测量力

在天平的上盘和千分尺的测微螺杆的测量端面中心之间夹上钢球，旋转千分尺的棘轮保险装置，读出天平的针的最大摆动摆幅。转动棘轮保险装置之前必须将针放在指 0 点的位置。

外径千分尺的精度和性能（JIS B7507）

最大测量长	测量面的平面度（干涉条纹数）	测量面的平行度（干涉条纹数）	综合精度/μm	测量力/N
25		2μm 以下（6 条）	±2	3.92~5.88
50				
75				
100	2 条以下	3μm 以下（9 条）	±3	
125				
150				4.90~6.86
175			±4	
200				
225		4μm 以下		
250			±5	/
275				
300				
325		5μm 以下	±6	
350				
375	4 条以下			
400		6μm 以下	±7	6.86~9.80
425				
450				
475		7μm 以下	±8	
500				

千分尺的精度保持和保管

精度保持

要使千分尺能保持很高的精度，不但要用正确的使用方法，还要在此基础上多考虑使所制造的产品质量稳定，避免因质量不稳定而产生损失。

对于精度问题，也有由于使用有误差的千分尺进行检查导致加工零件入库之前全部淘汰的例子。

还存在检查操作人员使用精度不好的千分尺，在检查很难加工的合格工件时，误判为不合格而受到严厉斥责的例子。

如果千分尺存在误差，用它测量会将合格产品误判为不合格产品，致使加工人员同公司蒙受重大损失。因此必须十分注意量具的精度。

千分尺的使用次数越多，产生误差的几率就越大，因此对其检查次数也应增加。

在某一工厂，每天早晨机械工人都统一检查自己的千分尺。用量块检查、调整很重要，只有这样，加工人员才能放心测量，保证取得好的效益。

精度检查的主要项目是：

① 配合检查。
② 平面度、平行度检查。

▲不能随便放进桌子里

③ 棘轮旋转检查。
④ 锁紧装置固定检查。
⑤ 出口部、螺纹松斜检查。
⑥ 固定套管、微分筒标尺检查。
⑦ 固定套管和测微分筒的间隙检查。
⑧ 0点重合一致。
⑨ 螺距检查。
⑩ 其他损坏、起毛刺等的检查。

这些检查中特别重要的是①②⑧三项，它们是必须进行的最低限度的检查。

保管

任何量具都一样，不但要注意使用方法，其保管也必须十分细心。在保管上，使用过程中出现损坏或掉落时，要把该情况报告给负责保管工具的人，由他们进行精度检查。

由于是每天使用的工具，就随便扔进工具箱里是非常错误的。正确的方法是：

① 用干净的干纱布绵布等擦好，特别要注意擦净固定测砧和测微螺杆的测量面。

② 涂上酸度低的防锈油，螺纹部要涂优质油。

③ 定期把固定测砧和测微螺杆一起从固定套管抽出来，用纯汽油把各部洗净擦干净。使之干燥，并给测微螺杆等注油。

④ 不要放在日光直射和温度变化大的地方，应放进保管箱里。此时要把测微螺杆和固定测砧的两个测量面稍稍分开。如两测量面紧靠在一起，会由于热膨胀使测微螺杆出现挠曲。

▲保管时两测量面稍稍分开

温度变化与误差

千分尺会由于使用时的温度变化而膨胀、收缩。某工厂测出的千分尺线胀系数及由其产生的误差见下表。

考虑到一年中温度变化 30℃左右，必须注意这个温度变化引起的千分尺误差。

所以，如从黑暗、寒冷的保管处拿出千分尺来就立即使用，会因与被测量物的温差大而产生测量误差。特别对精度要求高的场合，要使千分尺与测量场所和被测量物的温度一致。这样，千分尺和被测量物的膨胀（或收缩）就抵消了。

要使之与被测量物的温度相一致，但也不能在日光直射的场所进行测量。寒冷的冬天，不能在火炉旁测量。同时测量要避开振动和尘土多的场所。

千分尺的线胀系数和误差 α_l

名 称	基本尺寸 /mm	线胀系数 × 10^{-3}/℃$^{-1}$	误差 /mm
外径千分尺	400	0.0016	0.620
"	350	0.0016	0.583
内径千分尺	300	0.0013	0.385
"	200	0.0013	0.277
"	125	0.0011	0.134

千分尺的相关知识

1765

詹姆斯·瓦特千分尺

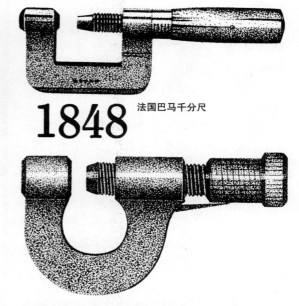

1848 法国巴马千分尺

1867 威尔莫特千分尺

千分尺的历史

千分尺又称微米尺，因其在加工用量具中精度高、操作简便，所以被广泛使用。

千分尺的发明者据说是 1765 年蒸汽机发明者瓦特。当时用螺纹测量物体长度的量具，与现在所用的千分尺很不一样，因操作复杂故没有普及。

之后 1848 年法国的技术师巴马制作了一种千分尺，它与现在现场用的外径千分尺形状很像，其原理和读数方法也一样。只是外螺纹露出部分的外观不同。巴马千分尺实用价值很高，但因人们不了解它的优点，约 20 年间实际上没被制造、销售。

真正被人们了解和使用的千分尺是美国布拉温·夏普公司 1868 年制造的。

夏普千分尺的前身是美国威尔莫特 1867 年制造的千分尺。

威尔莫特之所以开始要制作千分尺，是由他工作的公司将大量黄铜板的货物交与某公司时，因厚度尺寸不符合要求，全部被退回的事情而引起的。

该批黄铜板用黄铜公司的量具测量完全合格，可是用交货对方的量具测量就全部不

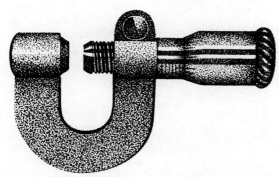

1868

布拉温·夏普千分尺

合格。于是用另外第 3 种量具测量，3 个量具精度完全是混乱的。由此诞生了威尔莫特千分尺。

威尔莫特的千分尺有 40 牙 / 英寸的螺纹，在与螺纹联接的圆筒上刻有与和它相同螺距的螺线及与该螺线相交并将其 25 等分的直线，读取指针位置上的标尺数值。分度值为 1/1000 英寸，但因没有刻写数字，所以很难读数。

布拉温·夏普公司制造的千分尺，标尺同于巴马用的方法，大小采用威尔莫特的，并对其加以改良，作为"袖珍金属板量规"出售。

这样，千分尺开始广泛应用于各机械加工厂。最早制造并销售游标卡尺的也是布拉温·夏普公司。

日本最早使用千分尺是在距今大约 50 年之前的 1926 年。随着机械工业的发展，工厂对精密量具的要求迫切起来。

然而那时日本的制造技术还不是很高，千分尺几乎都是进口品。

距今约 20 年前，由于战争使日本的机械工业受到很大打击，几乎没有对千分尺的需求了。那时候 1 个千分尺的价格比 1 个苹果饼的价格还便宜。

现在千分尺的固定测砧和测微螺杆的测量面都带有超硬端头，而那时只有进口千分尺带硬质合金端头。国产的千分尺没有硬质合金端头价格为 2500 日元，而带硬质合金端头的高达 3000 日元，也有 5000 日元的。有硬质合金端头的比较受欢迎。

精度

千分尺有许多种，分度值一般为0.01mm，也有0.001mm的。以外观形状、测量范围等不同角度划分通常认为超过 1000 种。如此种类众多的千分尺具有各自不同的用途和特点，应根据其特性灵活选择使用。

同样的最大测量长度 25mm、分度值 0.01mm 的外径千分尺，也不是都有相同精度，一定存在误差。所以 JIS 规定了千分尺的等级和误差范围，见下表。

综合精度

最大测量长度 /mm	综合误差 /μm
75 以下	±2
75 以上 150 以下	±3
150 以上 225 以下	±4
225 以上 300 以下	±5
300 以上 375 以下	±6
375 以上 450 以下	±7
450 以上 500 以下	±8

一模一样的千分尺是很少的，不同的千分尺其精度一定各自不同。因此使用前要根据被测量物对精度的要求，而确定使用什么样的千分尺。千分尺分为 1 级和 2 级。最大测量长度为 25mm 时，可有 ±4μm 的允许误差。这是 20℃时的允许误差，注意不是工厂等温度达 30℃左右时的允许误差。

虽说千分尺比游标卡尺测量精度高，但

▲装在车床制动器上的微调装置

并不是任何物体都适合用千分尺测量。

例如要测长度为 100mm 的物体时，被测量物的尺寸公差为 ±1mm，不一定都要使用千分尺。只要量规满足这种公差要求就足够了。精度要求更严格 ±0.1mm 时，可以用游标卡尺测量。必须用千分尺测量的是：制作公差为 ±0.01mm 左右的零件的场合。相反要求公差为 ±0.001mm 时，千分尺的精度不够，或在要求测量精度更高时应该使用能读到小于 ±0.0005mm 的量具。

一般使用的千分尺无论怎样调整也存在某种误差，综合精度不高的千分尺，可用于测量不要求等级和精度要求低的物体，例如用于车床加工时的粗加工。

普通的千分尺的分度值为 0.01mm（最近出现了 0.001mm 的千分尺），把此千分尺的外径扩大，加游标，也有使分度值为 1μm 和

5μm的，这些千分尺本身结构没有大的改变，仅仅是靠螺纹进行旋转，扩大测微螺杆前进的距离。

通过扩大微分筒的外径，加大长度的放大率，能使分度值缩小，但是精度不变，读取时可减少读数误差，提高读数精度。

机械加工人员用什么方法达到所要求的精度，这是个人技能中最关键的地方。这种方法要求费用少、简单而方便。因此要使用适当的量具，而不能只利用原有的量具。

下面举几个例子。

上面的照片是装在车床上的制动器的微调装置，是工厂操作人员应用千分尺的原理自制的。用制动螺钉把制动器固定，制动螺钉的外圆刻上 50 等分的标尺线，由于螺纹的螺距是 2.5mm，因而分度值为 $\frac{2.5}{50}$ mm=0.05mm。只要准确绘制 50 等分线，即便自制的也有很好的效果。和千分尺一样，在标尺之间用目测读取，很容易达到所要求的大约为 ±0.02mm 的加工精度。

这样，能节省单个测量时的劳动和时间。这种例子可能并不多。

标尺的读取方法

正确使用量具，正确读取数值，这是机械加工件测量的基本条件。否则无论怎样正确使用车床，加工出的工件只能是废品，从而蒙受重大损失。

在技能鉴定的机械加工实际技能课题中，为制造出符合要求的零件，正确测量乃是基础。机械检查时可使用游标卡尺、量块、

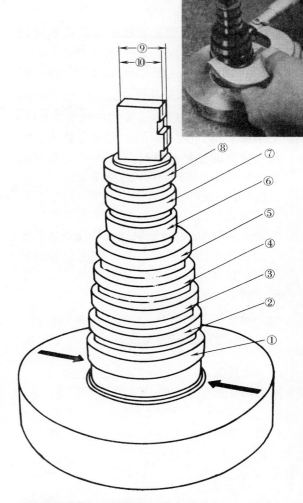

▲技能鉴定机械加工实际技能课题（千分尺用）

外径千分尺、两点内径千分尺正确且迅速地测量考试所要求的尺寸。使用千分尺测量如上图所示的 10 个位置，使用 2 级千分尺测量时只允许有 5μm 左右的测量误差。当然如是 1 级则必须读取到 2μm 左右，可使用分度值为 $\frac{1}{100}$ mm=0.01mm 的千分尺。

进行千分尺的读数练习时要正确读到0.001mm。读数方法一般用于分度值为0.01mm的千分尺的场合，把微分筒的1个标尺标记10等分，读取标尺分度$\frac{1}{1000}$ mm=0.001mm。微分筒标记宽度为0.15mm（JIS规定为0.15~0.20mm）时，如下图所示固定套管的基准与微分筒的标尺0点完全对齐时误差为0，仅仅标尺标记偏离时可以视为±2μm，这是读数方法的基准。

读错的情况很多，如漏读固定套管上0.5mm。在测量时没有发现读错标尺，但实际加工中会出现错误。实际发生这种测量失误与使用千分尺年数多少无关，但生手测量时的失误的确会多些。

避免温度差

量具都一样，微小的温度变化会对其产生影响，造成测量值误差。

游标卡尺和千分尺等机械加工场所用的量具，大多都在不利于量具的恶劣条件下频

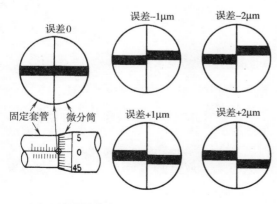

▲千分尺的读数方法

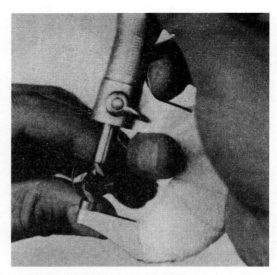

▲把纱布缠在尺架上隔热

繁地使用。

虽说温度变化是要尽量避免，但能进行温度调节的机械加工工厂还是极少。因此加工者、测量者本身在使用量具时，必须注意温度的变化。其注意事项请参考游标卡尺的相关内容。

千分尺的各部分主要是由铁和钢制成的。假定100mm的千分尺在温度变化±20℃的房间里进行测量，因热膨胀而有±0.023mm测量误差。可是实际上千分尺和被测量物的温度相互一致的话，即使有20℃的变化，也只变化±0.002mm左右，不会造成大的影响。

在千分尺上，受热影响的问题是尺架部分的伸缩。因此如上面照片所示，为使测量者的体温不传到尺架上，有的缠上纱布进行测量。当然，厂家对热量也加以考虑，或在尺架上涂以隔热用的涂料，或加上合成树脂的隔热板。

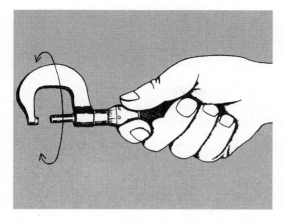

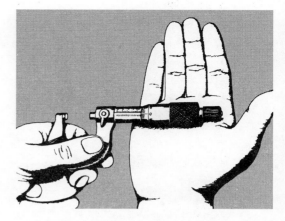

▲上图所示为拿微分筒旋转尺架，这是绝对不行的，会使之松动，造成误差。

▲如要测量物体的长度大、必须用力旋转时，可将手掌张开滚动微分筒。

千分尺的材料

① 测微螺杆、固定测砧的材料

JIS 规格中规定，与扭转有关的测微螺杆和固定测砧，使用 SKS 3 或类似的材料，硬度为 $Hv700^{\ominus}$ 以上。

从测微螺杆的运动方式，只要是耐磨性能好、多年很少变化的材料都行，一般使用 Mn—Cr—W 钢和 Mn—Cr—Mo 钢。这种合金都经过热处理，同时反复进行回火，故很少变形。

这样一来，就得到相对稳定的尺寸和很好的硬度。对固定测砧和测微螺杆的测量面 JIS 没有专门的规定，最好与上述 SKS3 种同样硬度大于 $Hv700$。但因两测量面与被测量物接触多、磨损剧烈，所以如上

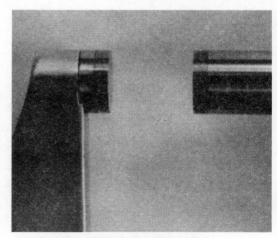

▲固定测砧和测微螺杆前端的超硬合金

面照片现在几乎都在测微螺杆上加结合剂，使用硬质合金。

② 尺架的材料

对尺架来说最大的问题是挠曲，其次如

⊖ 维氏硬度符号及写法与我国不同，例如日本写法为 $Hv700$，我国对应写法为 700HV。——译者注

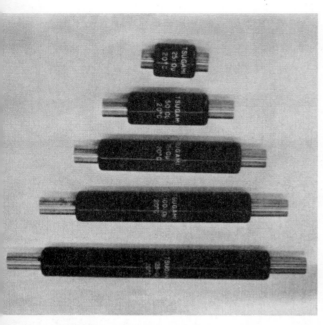

▲0 点调整用检验棒

果是大型工具则质量也是问题。必须充分考虑挠曲，防止由尺架支撑方式和测量力引起的变形误差。

因此，JIS 规定小型的可使用碳素钢锻钢品（SF45~55）、灰口铸铁（FC25）、可锻铸铁；500mm 以上大型为了减轻质量使用轻合金铸材和把钢板作成管状的材料，钝化处理后使用。

③ 内螺纹的材料

JIS 上有机械结构用碳素钢(S25C~S45C)的名称，市场销售的几乎都是使用 S25C~S45C。

千分尺螺纹的精度是生命。从内螺纹的加工方法看，因为很难提高硬度，而使容易加工的外螺纹的有效直径与内螺纹相配合。

内螺纹比外螺纹的硬度低，耐磨性差，但它反而却能将螺纹的有效直径与外螺纹的有效

直径紧密结合，由于千分尺的螺距精度由外螺纹决定，这样有避免外螺纹磨损等优点。

④ 检验棒的材料

千分尺的最大测量长度为 25mm 的，不使用检验棒也能进行 0 点调整，但测量长度加大时因千分尺是以 25mm 为单位，所以如照片所示则必须使用 0 点调整用的检验棒。

例如测量范围为 125~150mm 的千分尺时，在 125mm 进行 0 调整，此时需要 125mm 的检验棒。测量长度短时，能用量块，过长量块相互间对不齐,而需要检验棒。

关于这种检验棒在 JIS 中没有规定，若考虑成为 0 点调整用的检验棒，需要使用和量块相同或更好的材料。有关量块的材料，也没有特别的规定。

但就测量面的硬度进行了规定，使用硬度大于 $Hv700$。

从这些情况可知，千分尺的检验棒通常是用与测微螺杆相同的材料，即将合金工具钢经热处理使用，硬度大于 $Hv750$。

68

卡钳

　　在量具大都精密化、普及化的今天，卡钳仍然具有一定的使用价值。

　　这是因为卡钳这种量具结构极其简单，也正因如此它的价格极其便宜。而且能自制，使用方便。

　　这种卡钳的正确形状和使用方法几乎是以前传承下来的内容，细微结构方面没有详细说明。

　　当然，既然是量具，卡钳也有其正确的形状和正确的使用方法。

卡钳的种类

卡钳有外卡钳、内卡钳、划规（单脚卡钳）。

外卡钳是用于外径测量也称圆规。它由于形状特点和用于测量圆形物体的外径，因而有这样的名称。

卡钳的尺寸根据被测量物的大小有许

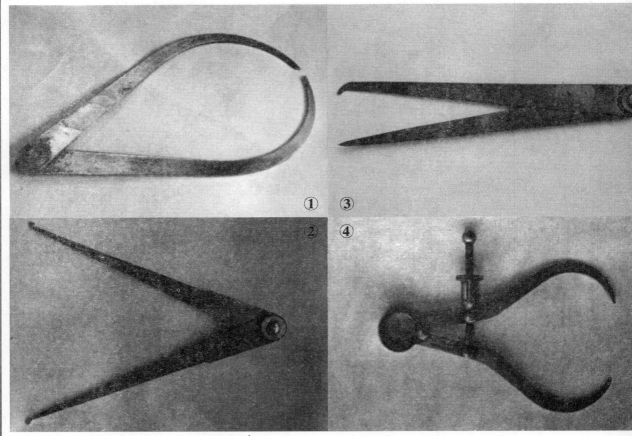

① ③

② ④

① 外卡钳（圆规）
② 内卡钳（孔规）
③ 划规（单脚卡钳）
④ 带微调机构的外卡钳

多规格。

内卡钳是用于内径测量的。内径测量一般说来多是测量孔径，所以也称孔规。孔卡钳的尺寸也有多种规格。

划规（单脚卡钳），一边的钳口呈尖状。划规（单脚卡钳）与其说是量具，不如说是划线用具。

卡钳的种类可以分为此 3 种。其余都是以此 3 种中任一种为原型进行各种各样变形，或加上其他部件而成的组合体。

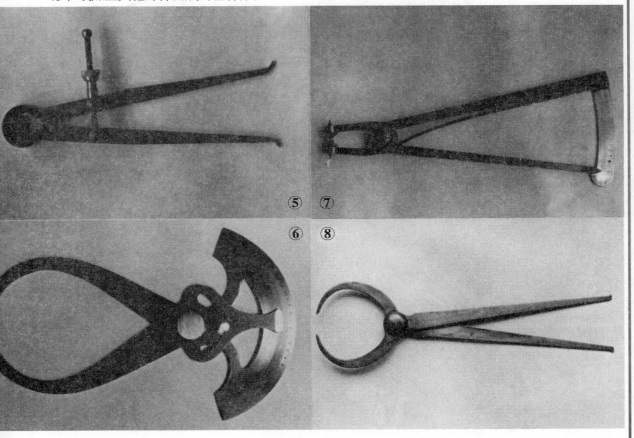

⑤ ⑦

⑥ ⑧

外卡钳和内卡钳上带弹簧和螺纹就组合为多种形式，如容易进行微调的形式、可通过钳口处的标尺读数的形式，或者外卡钳和内卡钳的组合体形式等。

⑤ 带微调机构的内卡钳
⑥ 带刻线的外卡钳
⑦ 带标尺的内卡钳
⑧ 外卡钳和内卡钳的组合

外卡钳的 钳口

观察外卡钳的钳口。对于卡钳来说，钳口就是其生命。若把卡钳的钳口放大来看，如图①②所示，钳口形状必须一样。从下面看时接线必须是直的，相对钳口长度方向的轴线必须成直角。也就是把两钳口合起来时如图③所示紧紧贴合在一起。图④是最不合要求的钳口形状，不能正确测量。

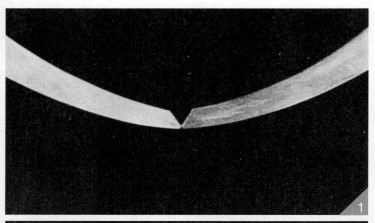

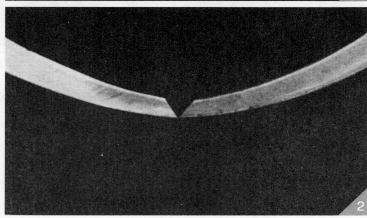

图⑤所示的钳口一看似乎就是合格的形状，从下面看时可认为是紧贴在一起。不像图⑥那样有缝隙。

图⑦所示的钳口无疑不合格。图⑧、⑨所示的钳口当然也不合要求。

外卡钳钳口的成形

卡钳钳口的使用比较复杂。购买成品或自制时，足尖形状都不是很好。需要根据自己的要求使钳口成形。

首先粗加工成形，用砂轮机、锉加工。大体成形之后，再细加工成形，最后用磨石修整。

先让两侧的钳口闭合，用磨石修整使外侧平齐。然后修整钳口的直线部分，打开钳口磨光。继而再磨出圆角……

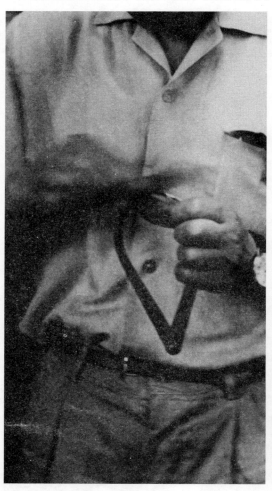

▲把钳口闭合使外侧卡钳平齐

▲打开钳口修整前端直线部分

外卡钳的开闭

卡钳的双脚是用销轴连接的，这种销是"松紧适度"。这种销的两侧钳口怎样打开、合上，读者可以自己练习操作。虽然可以请教指导老师和师傅，但最好还是能自己亲身体验一下……

打开钳口，把待测量物体放进外卡钳的两个钳口之间，在卡钳上轻敲就能打开。用何种力度敲击，打开到什么程度，要根据实际使用的卡钳销连接的强度。钳口关闭时，相反也轻轻敲敲就行。

这里，卡钳的销连接是最大的问题。销连接得太紧，轻敲不容易打开，特别是只打开极小一点开口时，很难进行细微调整。如果该销连接过松，轻轻一敲就活动过大，这也很难测量。

夹住被测量物，卡钳因较重给人一种容易掉落的感觉。弹簧的活动根据外卡钳销连接的强度而不同。过松的卡钳，也有仅仅进行了 2~3 次测量就松掉了的情况。过松的卡钳要把销连接拧紧。

需要开闭的程度极小时，无需敲击卡钳，只要握住卡钳在物体上轻轻触碰即可。卡钳钳口的活动程度也可根据此时相触碰的物体的状态而有所不同。可知，相对于触碰被紧紧固定的物体时的感觉，与触碰轻轻握住的物体，有很大的不同。

这方面细微的差别完全要通过销连接的强度和与之相适应的感觉训练来体会。

▲放在被测量物上轻敲，打开

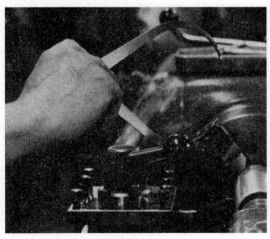

▲放在被测量物上轻敲，合上

▲只开合一点点时要轻轻敲击

75

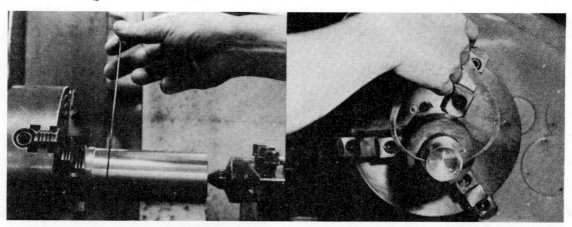

◀要用外卡钳测得正确尺寸，其握法和测量方法也有规定。握法如照片所示。不能握得太使劲，也不能拿得太松。与其说轻握不如说轻轻支撑。

外卡钳的握法和测量方法

▲要求测量车床加工中圆柱体的外径尺寸。用卡钳的两钳口轻轻接触被测量物，因卡钳的质量，其通过被测量物时，手就能感觉到。与被测物的轴线必须垂直。

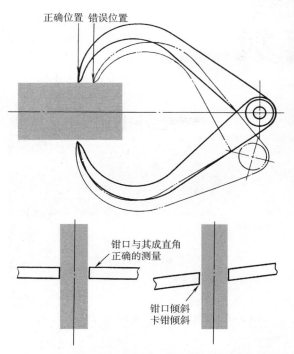

正确位置　错误位置

钳口与其成直角
正确的测量

钳口倾斜
卡钳倾斜

▲当外卡钳与轴线相对不成直角时，则求得的尺寸偏大。当钳口的轮廓与钳口的轴线呈直角时，自然是正确测量。

▲用外卡钳进行测量时，并不是任何情况下都要使机床停下来。要在车床旋转时求得正确的测量结果，必须进行预测量。对于稍长的工件，使外卡钳测量 2~3 处，根据不同的感觉，判断出是否为锥形。

切削余量多的情况下，可在旋转中用外卡钳测量，其余的也可在背吃刀量的判断基础上进行。

在切削沟槽时，事前用外卡钳将尺寸取好。一面把外卡钳接触背吃刀量部分，一面保持车刀进给，这样可以不停机地进行加工，直到接近设定的尺寸。

以上措施都能提高机械的运转效率。

▲外卡钳不能这样相对轴线倾斜，要完全成为直角。当然如右边照片所示左右倾斜也不

行。因为这也很难保持直角。上述情形为何不行，看了上面的照片就清楚了。

●外卡钳的读数方法

只用外卡钳量取被测量物的尺寸，无论多么准确的外卡钳，也无论多么正确的测量，仅仅如此还构不成测量。

把外卡钳贴在金属

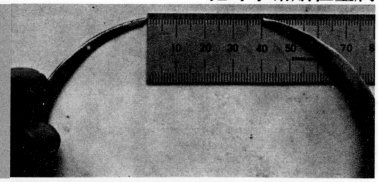

1

① 把外卡钳的一侧钳口从外侧接触到金属直尺端并使两钳口与金属直尺平行。

② 如图所示钳口倾斜，不能读到正确尺寸。

③ 读金属直尺上数值时的视线位置也非常重要！这样从右斜读数会偏小。这种情况与游标卡尺、千分尺及其他量具标尺等是一样的。

必须用其他工具把外卡钳的钳口开度变为数值。这种测量较复杂，也可以用更方便的办法代替。总之，是把外卡钳放在金属直尺上，通过金属直尺的标尺读取其开度就可以了。

可以马上这样读数吗？

一般是这样的，不过首先要反问自己的做法正确吗？请对照本页的操作步骤。

直尺上有两种方法

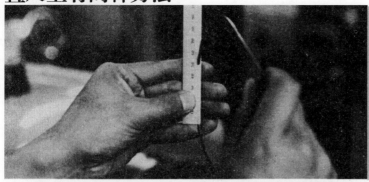

① 把直尺握在手里测量，当然金属直尺和钳口要平行。

② 这是正确的握法。重点注意食指和小指的位置。刻线位置也很重要，点线和金属直尺成直角。

③ 测量尺寸小时，这样握住金属直尺。因为保持金属直尺不弯曲非常重要。

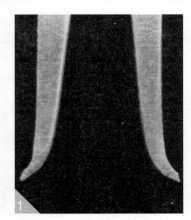

1

内卡钳的钳口

内卡钳的钳口如图 1 所示。把内卡钳在反方向上闭合时就成如图 2 所示的样子。合格的形状必须是这样。

如图 3 所示，钳口不对齐不合格。两钳口的接触点尽量接近尖端。

如图 4 所示的内卡钳可以使用，但这样的卡钳难以测量浅孔直径。

从钳口的方面观察，内卡钳的钳口如图 5、6 所示。这两张照片的区别同图 2、4 的对齐点的位置不同。合拢，反向闭合起来如图 7、8 所示。就

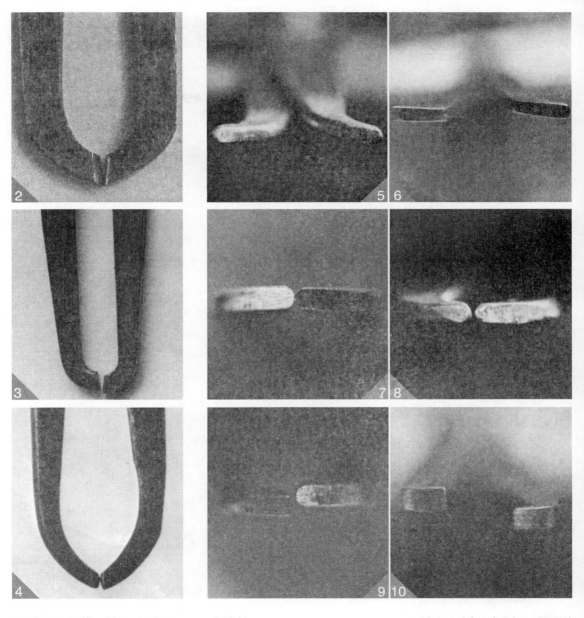

是说钳口的横（宽）方向呈
圆弧形，而且其中间部位是

点接触。

　　向反向闭合时，不能如图

9 所示不对齐。如图 10 所示则
不能在直线上正确测量孔径。

还有一个关于内卡钳钳口上的问题，就是内卡钳尖端与孔壁接触的点在钳口部分的哪个位置。

内卡钳的钳口必须把圆角放在卡钳长度方向上。那是为了使之容易在轴向上移动。在此范围内，接触点卡钳在任何位置都可以。但这里并未考虑选用与实际加工物相适合的量规。

例如，孔的深度很小时，内卡钳在轴向上

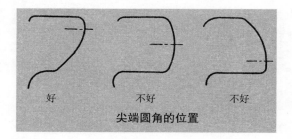

| 好 | 不好 | 不好 |

尖端圆角的位置

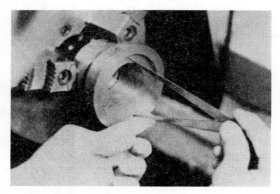

▲测量深度小的孔时用手指支撑

没有移动的余地。如孔底有角焊缝而不能伸入。考虑到这种情况，尖端的圆角要如图所示尽可能设置在外侧。

测量深度更加小的孔时，卡钳容易脱出，要如照片所示用左手的手指支撑，防止脱出。

特殊的内卡钳

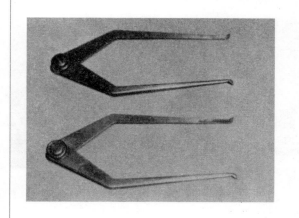

内卡钳并不限于测量单纯的孔。例如中心有凸台，该凸台又粗又长，普通的内卡钳不能使用。

针对这种情况而制作了特殊的内卡钳。当工件内侧的凸台较长时，游标卡尺、两点内径千分尺、量块等量具全都不能用，此时只有内卡钳才能使用。

中心有球形凸台的工件

内卡钳的开闭

　　内卡钳的结构和外卡钳完全一样，其开合方法也完全相同。不同的是原本较窄的内卡钳，打开时只能从内侧敲击，使其张开到一定程度，用来敲击的物体最好是固定的。

　　在内卡钳的开度很小时，会碰到内侧凸台。

　　闭合时与外卡钳一样应该依靠手边的工具，不要敲击工件。粗加工面暂且不说，工件上如有加工出的棱角，不要触碰。

　　不要碰内卡钳的钳口的尖端，因为这里是关系测量尺寸准确性的最关键的结构。

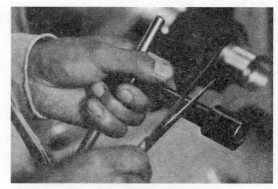

▲用手边的工具使其闭合

▲不能接触工件……

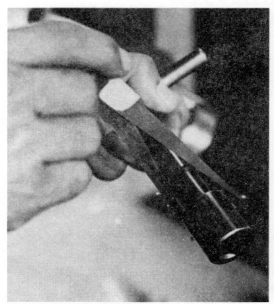

▲在开度很小时碰到内侧凸台

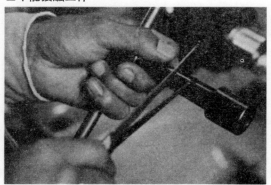

▲不准敲击钳口

▲把内卡钳一侧的钳口放在孔的下侧

内卡钳的握法和测量方法

　　内卡钳同样要轻轻地握住。但是不能像外卡钳那样放在手指上。无论怎样，车床上要测量的孔径大都是横向的。

　　如图①所示用指尖轻拨把内卡钳一侧的钳口放在孔的下侧。然后把该卡钳水平放置，如图②所示找最小值点。当然，这不是一次就能清楚的，所以要在轴向上移动二三次。

　　这样做的同时，在该最小值的点处左右（直径方向）摆动，如图③所示找最大值。如图④所示的姿势不能正确测量孔径，这是比较夸张的例子。

　　这里需要注意的是，在轴向上找最小值，径向上找最大值，必须在两个方向找到相反的极限值。而且不能像外卡钳那样利用量具本身的质量。不仅如此，如图⑤所示把内卡

　　钳水平放置测量时，由于卡钳的质量还会往下滑，从孔的最大尺寸位置向下（向上也一样），尺寸会逐渐变小。将卡钳放置成水平方向，必须用手支撑抵消向下的重力。所以在寻找直径方向的最大值时，应托动卡钳向下和向上移动。若手和手腕或其他部分施加额外的力，则很难感觉到内卡钳的钳口

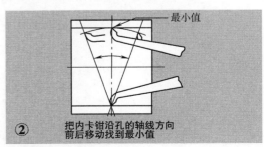

▲找到轴向的最小值

接触孔内壁。

请再看一次图②。把内卡钳的一侧放在孔内壁的下侧将卡钳轴向移动。如内卡钳开度比孔径大很多，则内卡钳在途中会受阻不动。应把内卡钳拿出，稍稍闭合。这时可以将内卡钳在孔中受阻的倾向或受阻时力的作用状态，作为判断内卡钳张开多少、闭合多少的依据。当然，销连接的强度，卡钳闭合时而使用的敲击方法等全靠测量者的感觉进行。

卡钳上有弹簧作用时，可使内卡钳轴向移动的力的最小值与弹簧力的最小值一致。对于方式也有多种测量方法。

内卡钳左右摆动时，存在以下问题。内卡钳如果张开得太大，就没有左右摆动的余地。当然，在求得轴向最小值时，会看到内卡钳被逐渐闭合。如果闭合过头则易左右（直径方向）摆动，可是轴向移动时不接触内壁。内卡钳在左右摆动时钳口也会张开或者闭合。

这样就可以找到向两方向摆动时的最小值、最大值。实际上由于卡钳的弹簧力，取得最大值时应该不能左右摆动，手却多少可以感到移动。

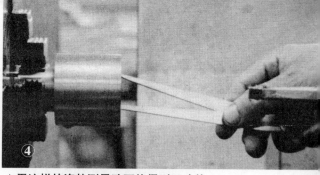

④

▲用这样的姿势测量孔不能得到正确值

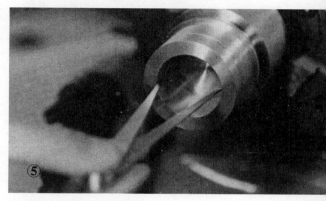

⑤

▲不能让内卡钳水平放置

因此，由上面可知，内卡钳的钳口圆角半径一定比要测量的内径圆角半径值小。

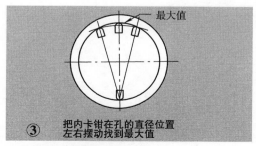

最大值

③ 把内卡钳在孔的直径位置
左右摆动找到最大值

▲找直径方向的最大值

●内卡钳的读数方法

终于把内径取到内卡钳上，但怎样读出其尺寸大小呢？

仍然使用金属直尺，如图①所示。这是在平板上用尺架支撑使金属直尺竖直。内卡钳一侧的钳口放在平板上，打开两钳口使之与尺平行放置。

读数时和外卡钳一样，正对金属直尺从垂直方向读取。从斜向读尺寸会变大。

内卡钳的读数方法是否夸大了？没有平板没关系，如还可用车床的盖、刀架、铣床的工作台，此外任何平面都可以。金

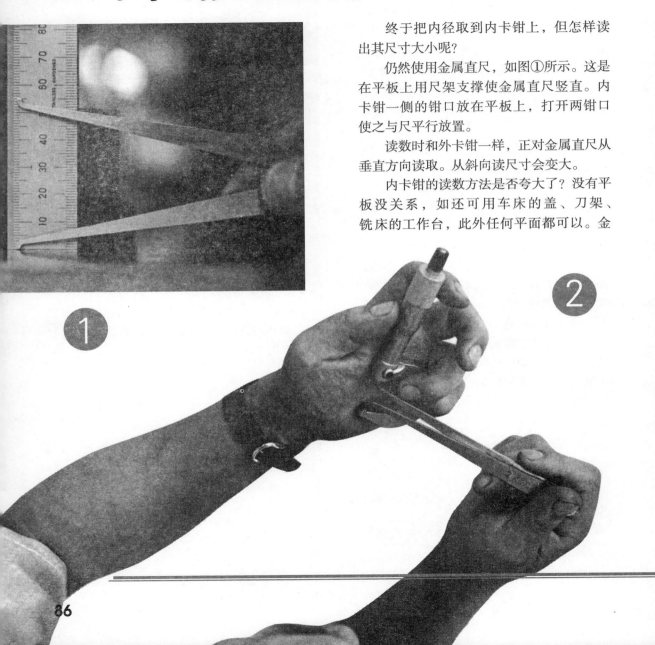

属直尺竖直后最好同样把内卡钳贴上。

那么必须把金属直尺垂直立起来吗？若金属直尺倾斜，不论怎么正确地把内径移到金属直尺上，也不能正确读数。当然，也需要留意标尺的位置。

用内卡钳测内径，仅仅金属直尺的标尺分度（0.5~1mm）是不够的。即使金属直尺的标尺精密，用任何细微的感觉也无法把内径移到内卡钳上。

人的感觉非常敏锐，如经训练能用内卡钳测量 0.02~0.03mm 的精度。但此时金属直尺不能达到，要用如图②所示的千分尺。

用左手拿千分尺，一面用 2 根手指旋转千分尺的微分筒，一面用右手把内卡钳上下左右摆动。寻找与测量内径时相同接触感的地方。因千分尺的测定面是平行的平面，故比内径更容易找。

如果千分尺在手里握不稳时，可以如图③所示把千分尺固定放置后，再用内卡钳试探。

没有内径测量工具又想加工某种尺寸的孔时，可进行相反的操作，把千分尺或游标卡尺（见图④）调至某个尺寸，使内卡钳与其一致。这样就能使加工的孔与内卡钳一致。

实际上两种值不可能一次就达到一致，所以还要量取孔径，双方相互验证，经过判断确定还有多少加工余量。

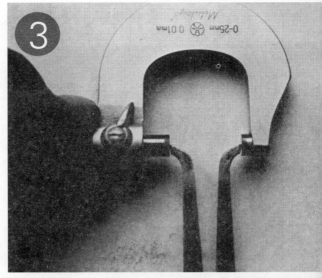

从卡钳到卡钳的转移方法

① 放在平板上移动

现实中有许多不凑巧的事，例如有用量具不能直接测量的情况。还有手边常常没有合适的量具的情况。这时只有采用卡钳测量的方法了。

例如要测量某个固定机床内部的某个孔径，只能使用内卡钳。

仔细将该孔径尺寸取在内卡钳上。为了加工与之配合的轴，必须正确读取该内卡钳的尺寸。这样要把内卡钳的尺寸转移在千分尺或游标卡尺上。如果上述方法可行，直接把尺寸从内卡钳移到外卡钳。

要把尺寸从内卡钳转移到外卡钳，有多种做法。

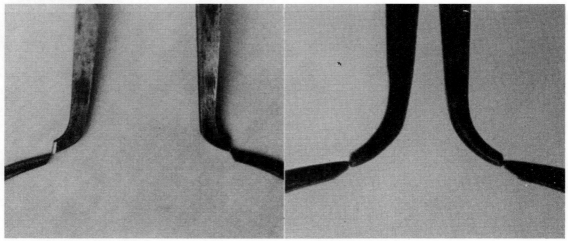

② 接触点在最尖端的卡钳

③ 尖端圆角较大的卡钳

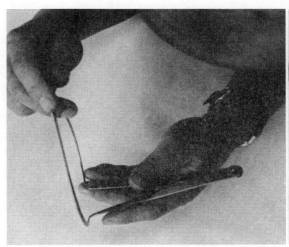

④ 把两个卡钳拿在手上

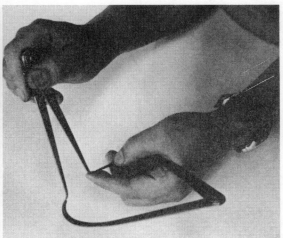

⑤ 从外卡钳向内卡钳

图①是其中一种方法。这样放置内卡钳与外卡钳的最尖端能稳定接触。之后用感觉确定其接触。

根据这两个卡钳的钳口尖端的形状，其接触方式是不同的，分为：图②为卡钳接触点在最尖端时彼此间尺寸的取法，图③为把尖端圆角略放大时两卡钳彼此间尺寸的取法。

图④是手上分别拿着两个卡钳，从内卡钳向外卡钳转移的情形。用左手支撑内卡钳，右手拿着要获取尺寸的外卡钳。此时把内卡钳一侧的钳口放在手指肚上，让内卡钳与外卡钳一侧的钳口相重合。以其接触点为中心，使外卡钳处于直径方向，同时在轴向摆动内卡钳。

这样，在打开外卡钳取得尺寸的时候，感觉两方的接触情况。内卡钳、外卡钳各自接触的感觉最好与各自测量的感觉相一致。

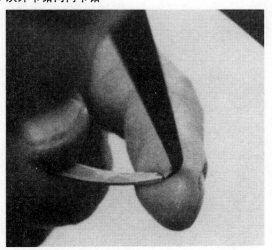

⑥ 用手指肚调节

从外卡钳向内卡钳转移尺寸时，如图⑤所示最好互换拿工具的手。

无论怎样，要使两个卡钳重合，必须用指肚调节两个卡钳钳口来实现，如图⑥所示，务必注意相应的注意事项。

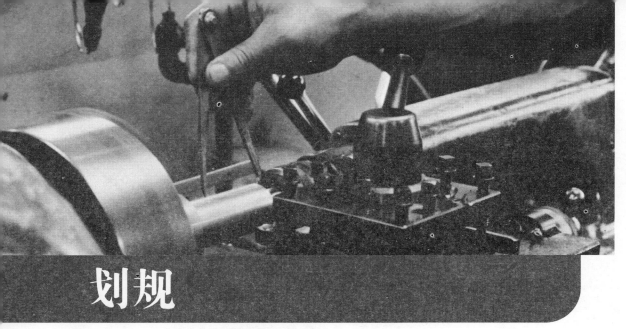

划规

划规除了在机械加工和钣金加工用来划线之外，在车床操作中也是不可缺少的。划规一般都用于划线，车床操作中也用于划线，严格地说它并不是测量用的工具。

其最简便的使用方法如上面照片所示，在旋转中的工件上，划上切削到什么位置的记号。

仅单独用划规进行测量没什么意义。可是在粗加工中，相比停下机床使用金属直尺或游标卡尺对 1mm 左右精度的台阶加工进行测量，用划规从刻度尺上量取尺寸效率更高。

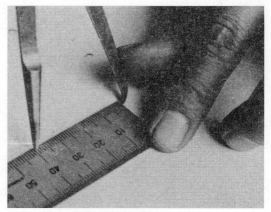

▲用划规从金属直尺上读取尺寸

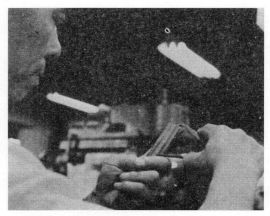

▲读取尺寸时须双手握持

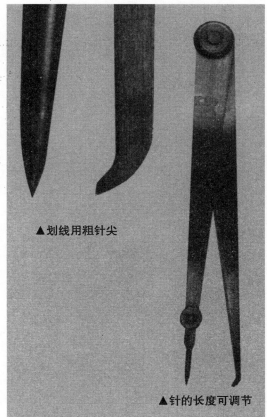

▲划线用粗针尖

▲针的长度可调节

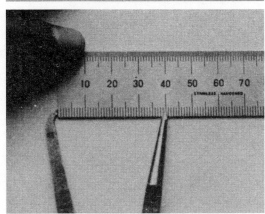

▲将划规放置在金属直尺下方量取尺寸

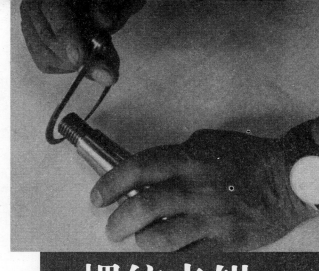

螺纹卡钳

外卡钳中有一种螺纹卡钳，仅从字面理解是测量螺纹尺寸的。螺纹？是的。车床切削螺纹时，要测量三角螺纹的螺纹牙底径。为何需要这种测量呢？

标准螺纹用螺纹量规测量即可。然而只有大企业才备有适合所有螺纹种类的螺纹量规。在进行必须与现有的螺纹相配合的加工工件时，螺纹的螺距、大径（牙顶径）、小径（牙底径）等是最小限度必须测量的条件。

那么测量三角螺纹的牙底径时，如果因外卡钳钳口太平而不能使用，此时只能用螺纹卡钳。

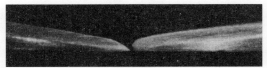

▲螺纹卡钳的钳口尖端薄而尖

●金属直尺的种类

在卡钳上读取尺寸，最简单的工具是金属直尺。

一般说的金属直尺 JIS 中称为"钢直尺"。⊖如其名为钢制，现在几乎都是由不锈钢制的笔直的工具。

其测量长度有许多种，照片所示的是 150mm、300mm、600mm。

金属直尺的分度值通常为 1mm。一侧刻着标尺间距为 1mm 的标记，另一方刻着标尺间距为 0.5mm 的标记。金属直尺的寿命在于标尺间距正确，标尺标记的粗细均一。根据该标尺标记间隔、粗细，与卡钳配合时能正确读到 1mm 以下的尺寸。

普通的金属直尺最小可

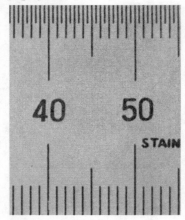

▲金属直尺的标尺标记

能读到 0.1mm，但也只能依靠训练才能达到，一般只在没有其他精密量具的情况下使用。

现在测量单位统一用米制单位，几乎所有量具都是米制标尺，个别根据情况也有英寸标尺。

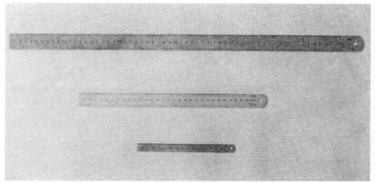

▲由上向下分别为 600mm、300mm、150mm 的金属直尺

⊖ 中国标准中为"金属直尺"。——译者注

●高度尺

读取内卡钳的尺寸时应把金属直尺竖直，可以用手握住金属直尺。但规范的方法应该是在平板上使用高度尺。

高度尺在测量中应用不多，主要是划线时在划线架上量取尺寸。

来安装一下高度尺吧。

▲金属直尺立座

把金属直尺一端紧紧靠在平板上，将金属直尺紧贴在对应的左侧的导向面，从上面压紧固定。

● 金属直尺的使用方法

用卡钳量取尺寸，虽然可放在金属直尺上读数，但是如果是关于阶梯轴的切削加工，用卡钳量取大致尺寸，完全可以用金属直尺直接测量读数。这样做是很自然的。当然，其分度值是0.5mm。

注意金属直尺的放置方法，应平行于轴线放置读出尺寸的标尺数值，在工件端面一侧观察；该金属直尺的放置方法和标尺的位置不对时，就不能进行正确测量。

还需要注意金属直尺端面的磨损情况。用以上方法

测量时，经常使用的金属直尺端自然会受到磨损。如果磨损，金属直尺就没用了。所以要特别注意金属直尺的端部情况。常有磨损 0.2~0.3mm 的情形。

▲测量阶梯轴部分

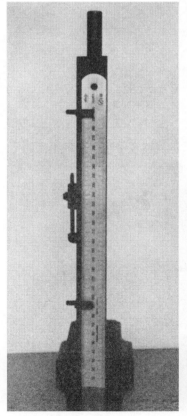
▲安装高度尺

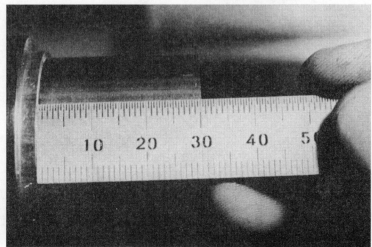
▲注意金属直尺的放置方法和标尺的位置

用卡钳和金属直尺读到 0.01mm

卡钳，尽管现在已经不使用了，但是仍让人怀念这回忆无穷的量具。正因为在大工厂卡钳已经成为过去的工具，更认为现在的年青人有必要了解其不熟悉的卡钳的内容。根据笔者个人的体验，有关于卡钳的知识说不定与现在的技术有什么联系而派上用场。当然，对现在还使用卡钳的人，这无疑是很有参考价值的。

◀大小不同各种各样的量规依次排列，在这里工作的人一定能够灵活使用它们吧。

适合自己感觉的卡钳

我（笔者）进工厂已是 30 年前的事了。在那时的机械厂中，以车床为主。当时车工的测量几乎大部分，不，而是全部都用卡钳。准确地说是卡钳和金属直尺。

当时在我们称为"师傅"的人手下，约有 20 名机械工，"师傅"按现在制度相当于组长、班长。而这一组人只有 1 个千分尺。当然，千分尺是贵重物品。也许被看做比"月石"更贵重呢。像我这样刚进厂的新手只能远远地伸直脖子偷看前辈使用从师傅那里借来的千分尺。

把千分尺直接握在手里那是不可想像的。最要紧的是，要想使用千分尺，通常会被人嗤笑说："能顶一个人干活以后再用吧！"弄不好头上还会挨拳头。

因此，初学者要拼命干，争取早一天熟练用卡钳和刻度尺加工出符合要求的尺寸。

即使这样，如卡钳的钳口必须这样放吗、销连接强度是这种程度行吗、用外卡钳测量应该这样做吗等等，这样的事情并没有人教，都是自己看着前辈怎么做而模仿学习的。

哦，外径测量时是这样使用卡钳的呀……此类事一般是前辈工作时站到旁边，一有机会就近距离观察并记住的。

傍晚，前辈师傅们回家之后，我们这些新手开始清扫工厂车间，此时可以把前辈的工具箱里的卡钳拿在手里看。

首先看钳口。啊，是这种形状的吗……仔细观察前辈的卡钳，和自己的工具比较，在自己使用时感觉其接触情况。

还有，打开闭合的卡钳，观察其销连接的松紧度。把闭合的打开看……这样，明确了卡钳闭合时是没使用的。打开的卡钳有可能是在使用，如果使用中改变卡钳的开度，那是一个重要的问题。

反复进行这种操作，总会找到适合自己感觉的自己的卡钳。

▲ 偷看前辈工作

检查工严格把关

加工完成的工件，得全部通过检查。当时设有必要的检查阶段，经机械工加工出的工件，检查工必须全部用同样的方法反复测量。从现在工厂管理观点来看，这是多余的事，生产中基本上已废除了这一过程。

检查工使用的千分尺等量具比一般用于机械加工的量具有更好的精度。无需对机械工吹毛求疵，只有在加工阶段使用最好的量具，才能得到高的加工精度，然而情况却是相反。即使经过 30 年，现在这种观点也没有怎么改变。

不管怎样，靠自己的卡钳进行的测量是否准确，只有通过检查工的手才能发现。如果生产出废品，被检查工淘汰，还会要受师傅申斥。此时为了验证尺寸不正确，可以使用千分尺测量。这种情况是我们不愿意看到的，因此必须练熟使用卡钳测量。

▲标尺标记的宽度 JIS 中规定为 0.1~0.25mm

●●●●●●●●●●●●●●●●●●●●●●●●●●●●●

必须准备 2 根金属直尺的原因

用卡钳测量最重要的是金属直尺。因为卡钳只是取得尺寸，要读出尺寸数值只能用金属直尺。现在的年青人能用金属直尺读到 0.01mm，这根本是不可信的。

到现在笔者已经当了 10 年以上这类训练所的指导员。工厂中有许多同事，他们都认为"要提高技能最好练习用卡钳测量"，我也认为这非常必要。几年前进行过用卡钳读到 0.01mm 的训练。大概全体人员的 80%~90%能准确读到 0.01mm。但现在认为没有那种必要了。有了各种精密的量具，劳力也不够，没有必要在那种训练上花费时间了吧。

不过，在全日本量具也并不是到处都那么完备，所以下面来谈谈怎样用卡钳和金属直尺精确读数。

既要珍惜卡钳也要珍惜金属直尺，金属直尺最低限度要有 2 根，这是常识。但为什么要有 2 根金属直尺呢？1 根用于粗略地测

量长度，因为它总是接触工件——例如要测量台阶长度，接触用单刃刀具的部分——其前端必然磨损。不小心有时甚至会磨损 0.3mm。

现在笔者手头有的 150mm 的金属直尺，一端已经磨掉 0.5mm，已磨到标尺标记附近。这种金属直尺不能再用于卡钳的测量了。

另 1 根金属直尺是读卡钳尺寸专用，这是要特别注意的。那是大概在战争结束的时候，1 军人转业，为谋生在街道工厂到处奔走时，备着卡钳专用的金属直尺是成为技术工人的必备条件呢。

●●●●●●●●●●●●●●●●●●●●●●●●●●●●●

标尺标记尽量细

这里来简单谈谈金属直尺。金属直尺现在全是不锈钢的，但价格便宜了，而且金属直尺的标尺标记的制法也先进了。现在的金属直尺和照片印刷的一样。将刻了标尺标记的玻璃厚板制成膜，曝光后放在涂了感光剂的金属直尺上，再用化学药品腐蚀。这样做，特别适于大批量生产，因此质量也一致。

从前的金属直尺，标尺标记是1条1条刻上去的。这里所说的刻，是用类似切削和划线的方法或两者结合的方法。

在那种情况下标尺标记质量很不稳定。对于现在金属直尺标尺标记线的宽度，JIS中规定为0.1~0.25mm。左面照片是放大的金属直尺标尺标记。对其用游标卡尺测量并进行倍率计算，约有0.15mm。

这个金属直尺的标尺标记的宽度有问题。划线的粗度常有误差，大概在0.08mm左右。我认为金属直尺的标尺标记的宽度应该大些。

我的眼睛很好，所以用于读卡钳尺寸的金属直尺尽量选线细的。

过了两三年，在战争时骨干们都进了军队，我成了年青伙伴中的负责人，终于可以出头了。进了工具车间——新手是不能进入的——从许多金属直尺中选借了标尺标记线最细而且到端面的距离最大（即最开始的0.5mm标尺标记线和尺端面的间隔最大）的。

我的工厂大概是并入了大公司，所以专门进行检查的地方有了精密量具。确切地说是称为显微镜的光学量具。于是可以精密测量标尺标记的宽度。那时选择最细的是0.03mm，很细吧，也有这种金属直尺。

这样细的标尺标记，是与卡钳的钳口对齐的线，如果能识别金属直尺的中间、两端，应该能读到0.01mm，当然也必须准确了解各标记的间隔。

还有要注意的重要一点是金属直尺的端

从许多金属直尺之中选出标度线最细的尺

面。刚才说过选择了标尺与端面宽度大的。理论上宽度大的好，但窄的也并不是那么不能接受。为什么选择那样的呢？

理由是，金属直尺的端面须为直角，如无直角则必须修整，而必须留有其修整余量。

修整要按以下步骤进行。首先把金属直尺整面紧密固定在V形块的侧面，在平板上用磨石把V形块的侧面降低。对厚度小的金属直尺，不管技术怎么高超，把端面降低则直角有歪斜的危险。然而如与宽的V形块的宽侧面一起加工时，V形块本来就有直角，所以尽可放心。这样，小心地下降V形块的侧面，金属直尺的端面也与它一起下降而被修整。当然，如下降过多，使金属直尺本身歪斜就不能正确修整了。

测量的用途之外

卡钳不仅用于测量。将任何圆棒工件装夹在四爪单动卡盘上时，要事先将爪打开。这是在任何地方都必须进行的卡盘操作训练的第一步。

右手握住铁棒，一面靠近，一面用左手拨动卡盘手柄打开四爪单动卡盘的爪，这种做法极其危险。

常规作法是：事前用外卡钳量取铁棒的外径，把卡爪打开到适合铁棒进入的大小。四爪单动卡盘上刻着几条同心圆线。把量取棒材尺寸的外卡钳与卡盘正面接触，以该同心圆为基准，如图①所示看到在什么位置打开卡爪。

然后将4个卡爪顺序打开，在方便观察的位置，用量取棒材料外径的外卡钳再一次如图②所示确认爪的开度。

①

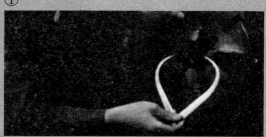

②

之后把棒材放进卡爪里，使1个卡爪轻轻卡住，于是棒材初步被固定。不过，这种操作中使用外卡钳，并非精密的测量，所以也无需太紧张。

磨好后，要非常小心地使用。这把金属直尺是绝对不借给别人的。正因为这把金属直尺回复到原来状态所以用卡钳能读到0.01mm。

当然卡钳贴尺的方式、读其标尺标记位置、光线等，不用说也都很重要。这类问题大家都应该知道。从卡钳的钳口与金属直尺的标尺对齐的关系，每个人只能根据自己的感觉去把握。

●●●●●●●●●●●●●●●●●●●●●●●●●●●●●

通过千分尺确定感觉

内卡钳也和外卡钳一样，只是内卡钳与金属直尺配合时标尺更难读。众所周知，内卡钳的钳口是圆弧形的，所以它的前端点是一个点而且离开金属直尺悬空。

可以与外卡钳配合使用，用它配合金属直尺来读出正确尺寸。

那么同样的孔，不管是大孔还是小孔，孔内侧均为圆弧，根据孔径的大小，其圆弧大小是不同的。用内卡钳取孔径时，从理论上讲孔径与内卡钳的开度完全一致，卡钳不能左右活动。

孔的轴向即卡钳在前后方向摆动，因首先找最小尺寸点，只有确定该点，内卡钳才能左右摆动。可是把内卡钳的一侧放在内面的下侧，并以它为中心左右摆动，另一侧画着圆弧，卡钳的钳口能自由伸入。

内卡钳左右摆动，是因为该自由伸人和由卡钳铆合的弹簧效应。自己对常用的卡钳的销连接情况的感觉熟悉，将对应孔径的圆弧的接触感觉，通过在头脑中换算，在某种状态下确定该孔径。

正因如此，孔径小其曲线曲率也大，误差比率也大。孔越大曲线越接近直线，将内卡钳左右摆动时，接近孔内壁感觉误差就小。

前面介绍了师傅的事，他回家的时候故意把当时是贵重品的千分尺放到自己的桌子上，并不是最后忘记收好。虽然没有说出来，却明显有意识地露出"喂，请来试一试吧！"的表情。我觉得那态度非常有趣。

那是我盼望已久的了，师傅的身影刚一不见，首先跑去拿起那个千分尺。如果比别人慢了些，千分尺就会被别人占去。

第一个把那千分尺拿在手里的人并未想使用它、调整它。因为工作时间之外，即使调整得再准确，也无法反映个人的技术。

最先把千分尺拿到手的人，是为了用它训练自己对卡钳的感觉。不断练习用卡钳测量，通过改变 0.01mm，来弄清该 0.01mm 的误差程度及表现方式。

用内卡钳来测量孔径时，像前面说过的那样，卡钳的钳口两侧是曲面。与此相对，千分尺的固定测砧和测微螺杆之间是平面。因此没有内卡钳左右摆动时的自由伸人的感觉。

因此，要非常珍惜适应自己感觉的卡

用千分尺确认内卡钳的感觉

钳，并且要不断地练习。因为卡钳的特殊性，不能随意调整，否则会出现一些严重的问题。所以，卡钳和金属直尺一样是绝不可借给他人的。

前辈自己都有那种卡钳。我受到前辈的照顾，前辈去参军前把自己用的卡钳给了我。

不同规格的接触感觉

使用卡钳测量时，其销连接、重量、钳口的长度等都很重要。钳口虽能打开，用小外卡钳测量大的直径是不合适的。大直径是必须用大卡钳测量的。因此，两卡钳的重量就不同了。因脚加长，也容易出现挠度和扭曲。

如果重量重，钳口的打开幅度也宽。否则卡钳拿在手中时的接触感会不一样。原来，我有过 10 个外卡钳，大小各不相同。包括 5 个内卡钳、3 个划规，共计 18 个。

钳口硬度虽有种种规定，还是以不淬火的材料为好。过硬的易损伤被测量物，过软的则钳口很快磨损。我自己进行了淬火。硬度在 $H_RC^{\ominus}$45~50 为好。首先观察测量爪，不许有不均匀。拿到检验车间测量。这也是很有面子的事呢。

内卡钳和外卡钳的配合

是的，内卡钳和外卡钳可以进行配合。不管怎样，因为是接触点，而且使卡钳静止在其一点上不是不可能的。

重要问题在于通过该一点时的接触感觉。

打开内卡钳的钳口，然后使内卡钳纵向摆动，一面使外卡钳接触到内卡钳一侧的钳口，一面放下，将其在小范围反复调整。

卡钳配合的适用场合

难的是用外卡钳测量平行面。某街道工厂承担了一项工作，用铣床铣出 450mm 左右的平行面，相对内侧当然也是平行的。虽然只测量四角内外两侧就可以，但问题是街道工厂没有量具。

用内卡钳测量平行面和从千分尺读出尺寸一样，没有特别的困难。外侧难测，完全是平行面时，把外卡钳放下时会因外卡钳倾斜而卡住，所以必须把外卡钳完全垂直地放下。如果量取圆棒的直径，在外卡钳通过最大径的瞬间，对外卡钳的接触感为 0。

平行面没有弯曲，任何位置的接触状态都一样。而且若卡钳倾斜，从一侧的端放下是 50mm 还是倾斜。

肘部固定，在肘放到预定位置同时将卡钳平行放下，试几次看。从反向做或从侧方向做都是很难的。

而且当时只有 300mm 的金属直尺。我还拿来自己的 600mm 的金属直尺。待切削完成，把孔尺寸取在卡钳上，并将其移到外卡钳上……都需用金属直尺确认，这是完全用卡钳测量呀。

最后，2 人分别拿着加工好的工件放进对方的孔内……正合适！街道工厂的老板也非常满意，付高额报酬。

⊖ 洛氏硬度符号及写法与我国不同，例如日本写法为 H_RC45~50，我国对应写法为 45~50HRC。——译者注

指示表

指示表是一种比较测量仪，通过利用齿轮的放大机构放大测头的移动量，并将其值用指针的偏移量表现出来。比较测量仪同游标卡尺、千分尺那种直接读取测量值的量具不同，而是通过与什么其他的基准进行比较读取测定值或差值。所以使用比较测量仪时必然需要比较的基准。

在车间测量中，除了直接读取数值之外，也还有进行平行度、平面度、同轴度之类的测量。以上测量中的量具选用千分表最为方便。

详细内容请从本页开始看……

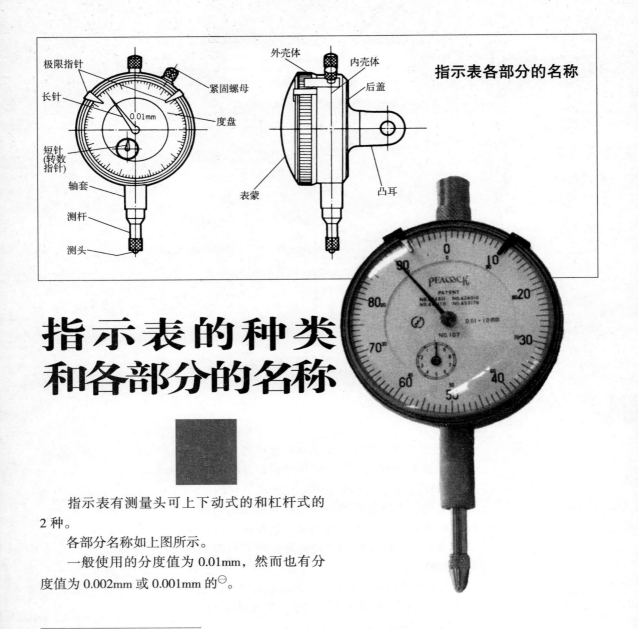

指示表各部分的名称

极限指针
长针
短针(转数指针)
轴套
测杆
测头
紧固螺母
度盘
0.01mm

外壳体
内壳体
后盖
表蒙
凸耳

PEACOCK
PATENT
NO.453II NO.42800
NO.45430 NO.453I79
0.01·10mm
NO.107

指示表的种类和各部分的名称

　　指示表有测量头可上下动式的和杠杆式的2 种。

　　各部分名称如上图所示。

　　一般使用的分度值为 0.01mm，然而也有分度值为 0.002mm 或 0.001mm 的⊖。

　　⊖　分度值为 0.01mm 的指示表也称为百分表，分度值为 0.002mm 或 0.001mm 的指示表也称为千分表，其结构、原理等基本相同。——译者注

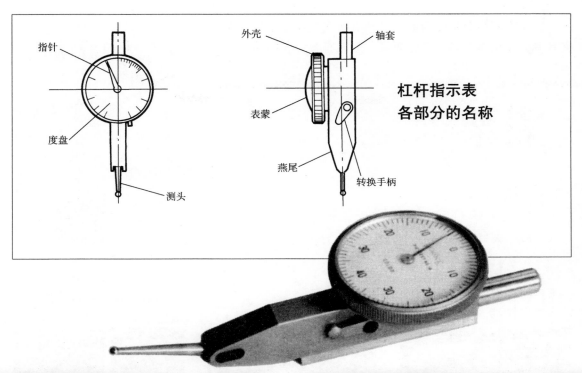

指针

外壳

轴套

度盘

表蒙

杠杆指示表
各部分的名称

测头

燕尾

转换手柄

▲分度值为 0.001mm

▲分度值为 0.002mm

103

指示表不是单独使用的，必须夹持在支架上使用，这个夹具称为指示表支架，简称表架。表架有各种各样的。

表架

① 是一种磁性表座，如被测物是铁，不管是侧面放还是背面放，都一样可将测量杆紧紧贴上。

④ 牢固的表座，与其说是表架不如说把支柱放在小平板上。

⑤ 由技能五轮机械组装为技能竞赛所用，和④一样用于微小物体的测量。

⑥ 支柱在导轨形基座上滑动，将基座放平板之上用来滑动使用。

简称为表架，表架如图所示有各种各样的，以便

② 带微调机构的磁性表座，和①一样可方便地安装在车床座和铣床立柱上。

③ 微调机构，利用〇状弹簧紧松的变化，在手腕处上下调节。

⑦ 旋转在中央明显的旋钮，使L形的支架倾斜，带动指示表上下移动。

⑧ 带应用平面轨的微调装置的自制表架，原理与⑦一样。

根据适合不同工作进行选择。

▼啊?！怎么是颠倒的呀。因为度盘可自由转动，所以方便读数。请把表架的高度调节到合适的位置。

指示表夹持在表架上使用，但并不是夹持在表架上什么位置都可以。被测量物的位置也是一个要注意的问题。指示表与被测量面垂直，如下图所示。

夹持位置

① 如图，从前面垂直观察。

⑤ 从前面垂直观察，紧固旋钮时，杆下降到如图所示位置。

⑥ 这样调整时，度盘对着人的方向，容易读数。

⑦ 表架杆的上升位置的实验。

这些的理论在学校物理课中已学习过了，

② 从侧面也应是垂直地观察。

③ 注意到从侧面观察的位置，表头应略歪。

④ 如将其修正，往往要仰视。

⑧ 这不会是测量侧面吧。

⑨ 指示表应竖直放置，但夹持位置不要太高。

⑩ 如果被测量面高，在测量前也要多考虑一下。应尽量使杆的固定位置低一些。

联系力矩的相关内容就容易明白了。

利用凸耳……

　　利用凸耳是最常见的夹　　后盖上的凸耳夹住。凸耳　　种类。
持方法。利用装在指示表　　根据其使用条件又有各种

夹持方法

指示表夹持在表架上，有利用装在后盖上的凸耳的方法和利用轴套的方法2种。

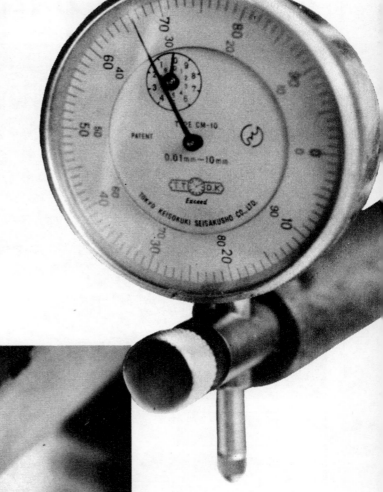

利用轴套……

这是利用轴套的夹持方法。它比利用凸耳稳定。在夹持轴套时，加入带切口的套环更理想。

基本的使用方法

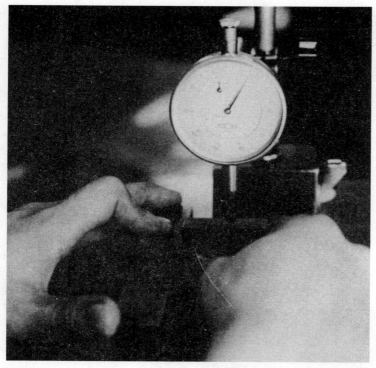

下面介绍指示表最基本的使用方法。根据与何种基准配合查明同该尺寸的±公差值。

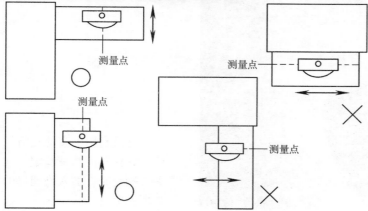

测量点

测量点

测量点

测量点

测量点

◀把物体前后移动察看尺寸和平行度。这种情况用两手使劲按住物体移动。

测量面的宽度较窄，需要校正测量位置时，须与垫铁配合操作。

指示表必须牢牢固定在表架上。

如图所示，使被测量物活动的方向必须在相对度盘的前后方向。

110

▲测杆在压入 0.3~0.5mm 的状态使用。若压入量不足，则出现测头不接触的情况。这时，要转动度盘使针和标尺的 0 一致。轻轻放下测杆 2~3 次，确认 0 点。

▲指针右转是+（正）。左边的照片是+侧，右边的照片是−（负）。有人经常将其弄错，要注意。

▲行程 10mm。中间有小度盘。其短针标尺分度值是 1mm。长针旋转方向相反，长针分度值为 0.01mm，长针 1 周是 1mm。

▲图中呈角状的装置称极限指针，用于显示要测量的公差范围。它可移动到需要的位置。如在使用中在此范围即为合格！

▲上面安着什么呀？像是控制杆……

*

用控制杆调整

因为指示表的测头是球状，所以测头具有某种程度的不平和倾斜。然而在球前端的半径以上公差范围内，即便使指示表滑动，测头只承受在横向力，所以测杆不能上下运

▲控制杆从后侧突出，这是很简单的装置。

▲如图所示进行操作，这比用手抓测杆往上提效率高多了。而且不碰测头，就可使测杆下降。

测杆的方法

动。因此不合理。

仍是抬高测杆之后，接触被测量面。可是抬高测杆，把手指伸进不太宽的指示表下把测杆推上去，放到被测量面之上，这种操作既麻烦又难做。

于是，想到安上这种装置，即测杆的抬高控制杆。

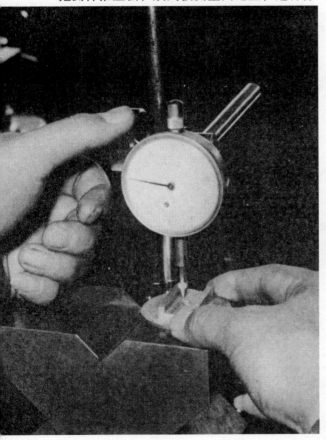

▲控制杆是用左手操作。右手握持物体时，用左手操作方便。

▲大致看看内部的结构吧。这是控制杆在后侧的安装形式。如图是从指示表侧观察。一按动外面的控制杆，其里盖内侧上的柄就带动测杆抬高。放开手，在弹簧作用下返回原处。

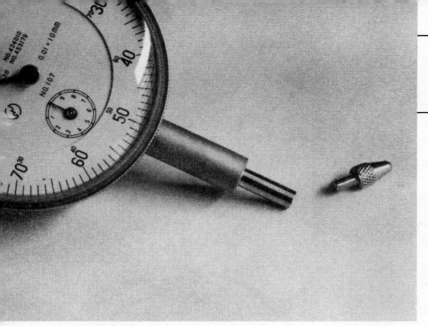

测头

▲可这样取下测头。

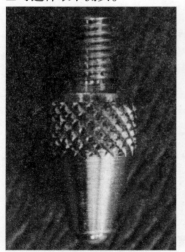

▲测头的尖端一般用超硬合金制造。

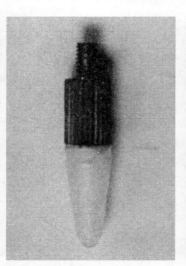

▲这是塑料制成的测头。在测量对象软、容易损伤时使用。

▲即使测头是硬质合金材料，仍有这样的磨损。此时要检查。

被测量物形状、测量位置和测头的关系，如下面的例子所示。

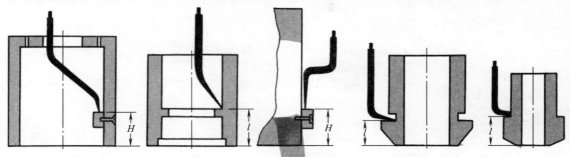

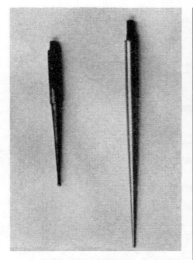

▲也有非常长的测头。根据测量的场合，需要制成各种长度的工具。但太长的容易出现挠曲，不推荐使用。其尖端是球形。

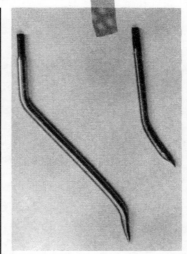

▲制成这样古怪弯曲方式。还没弯到卷筒程度，也能很好地完成测头的作用。

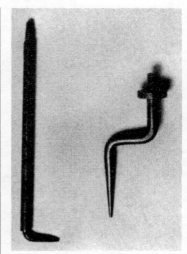

▲根据被测量物的形状，如果不是这样弯曲的测头便不能测。

1 用于车床加工时定心。测杆指向圆柱的中心。

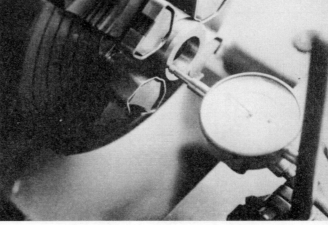

2 这样也可检查被加工物表面的变化。

5 在铣床上量出正确尺寸时的例子。这是正确量出工作台移动量的情况。与3、4一样。

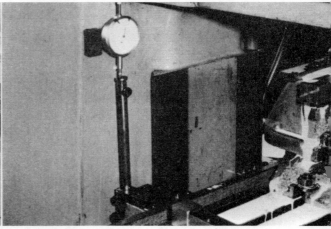

6 显示铣床升降台的上下移动量。指示表是利用后盖凸耳的半永久性装置安装。

的使用方法

3 也可用于确定车床的尺寸。

4 希望指示表能像图中这样在各处使用。

7 确认正面铣床的多刃刀片的中心摆动。

8 用车床切削锥形时，使尾座移动。能一面测量，一面正确移动。

指示表的结构

在本章首页曾说明"通过利用齿轮的放大机构放大测头的移动量……"，下面来介绍该放大机构。

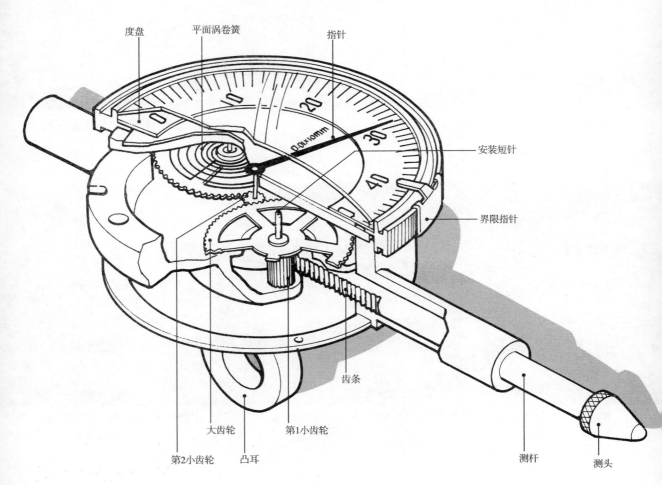

度盘

平面涡卷簧

指针

0.0×10mm

安装短针

界限指针

齿条

大齿轮

第1小齿轮

第2小齿轮

凸耳

测杆

测头

1. 放大机构

首先是其放大机构。**图 1** 是其原理图。测头装在前端的测杆 S 上,根据被测量面的高低上下移动。通过安在测杆上的齿条和与之啮合的小齿轮,把上下的直线运动变成旋转运动,进而将放大了的旋转运动传到同轴转动的指针上。

在测杆 (**照片 1**) 上,刻着如**照片 2** 所示的齿条。第 1 小齿轮 a 如**照片 3** 所示与该齿条啮合。第 1 小齿轮和大齿轮 b 如**照片 4** 所示同轴。大齿轮 b 进而与第 2 小齿轮啮合。该第 2 小齿轮上如**照片 5** 所示带动指针。

问题是把测头的移动量放大多少传给指针呢?从理论上讲,通过齿数比和被啮合的段数不管多少都能放大。虽然那么说,实际应用在齿轮中是很难的。在后面按顺序说明吧。

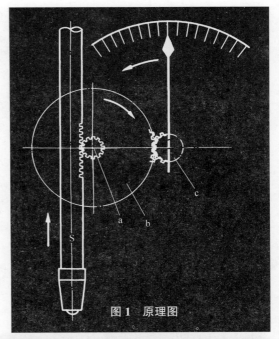

图 1　原理图

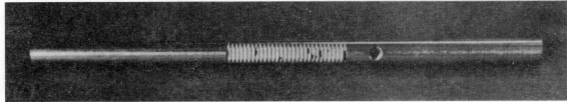

照片 1　测杆

照片 2　测杆的齿条

照片3 齿条和小齿轮啮合

照片4 小齿轮和大齿轮

2. 放大机构和齿数比

虽说无论多少倍都能放大，因为是用指

针和标尺读数，所以若是放大倍数太大，会因与指针的关系复杂而出现问题。还是以指针转1周移动1mm的划分关系为好。

假使指针转1周为1mm，标尺标记把圆周100等分，则分度值（标尺分度）为0.01mm。这是最初介绍的。

在这种放大程度下，没有小数的数字方便。测杆S的移动量为1mm时，指针旋转1周，这样确定齿数比、齿条的齿距等最好。

如此，可将图1的测杆S的齿条齿距、第1小齿轮a、大齿轮b及第2小齿轮齿数等的关系，构成下述公式

$$\frac{\text{分度值}}{(\text{标尺分度})} = \frac{S\text{的齿条齿距}\times a\text{的齿数}\times c\text{的齿数}}{b\text{的齿轮}\times\text{度盘的标尺标记数}}$$

只要满足此式，无论S、a、b、c怎样组

120

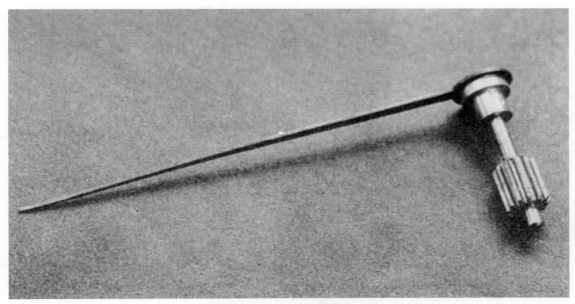

照片5　第2小齿轮和指针

合都行。虽说希望如此，可是那也有不成立的"特殊情况"。

　　如前介绍那样指示表上另外带有分度值（标尺分度）为1mm的短针，指针转1周为10mm。在测量长度大于1mm时，长针转几周数不清时，不知道测头动了多少。为了避免这种麻烦或者发生错误的危险，装上分度值为1mm的短针即长针每转1周，短针移动1个标尺标记。

　　这样需要转动短针的机构，就是长针每转1周、短针转1/10的机构。

　　测杆S的移动量因是用齿轮放大的，所以其放大机构中加入该10:1齿数比的齿轮，把短针装在该大齿轮轴上，既机构简单成本也便宜，又不易发生故障、误差。就是说，大齿轮b和第2小齿轮c的齿数比应为10:1。

　　还有一个"特殊情况"是测杆S的齿条的齿距。该齿距有0.5mm和0.625mm 2种。如果齿条的齿距一定，因为转1周是10mm，将其分割齿条的齿距，则第1小齿轮的齿数就计算出来了。

3. 防止齿隙

　　"利用齿轮的放大机构"已经讲了很多了。还有一个问题，即千分尺和游标卡尺测量时，只向一个方向即可。与此相反，指示表则需要反复测量。

　　可是，如果在齿轮上有了齿隙，俗称空隙，按测杆或返回过程齿轮通过该空隙时，指针是不转的。

　　因此不能测量向负侧的尺寸变化。相同方向的测量，负方向和正方向会出现不同的

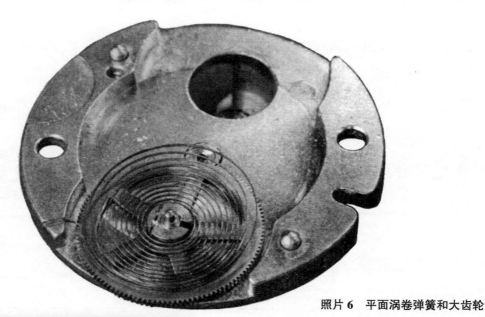

照片 6　平面涡卷弹簧和大齿轮

测量结果。

　　因而有必要消除这种齿隙。

　　这是把齿轮总向一个方向压下去的机构。如**图 2** 所示，和大齿轮 b 同样大小、齿数的齿轮与第 2 小齿轮 c 的反侧相啮合，在其上装上平面涡卷弹簧 e，依靠弹簧 e，就能起到防止从 d 与 c、b、第 1 小齿轮 a、测杆 S 之间的齿隙的作用（见照片 6）。

4. 测量力

　　像千分尺规定测量力一样，在 JIS 中也规定了指示表的测量力幅度在 0.686N（70g）以内，明确被推的测杆还原的力作为测量力。可以看到它由弹簧拉、推。该弹簧有各种使用方法。

　　例如靠 1 条弹簧拉紧，测杆被推动 1mm 时和被推上 10mm 时，测头与被测量物顶住的力（测量力）当然不同。即使 JIS 里有规定，测量力的变化也是越少越好。

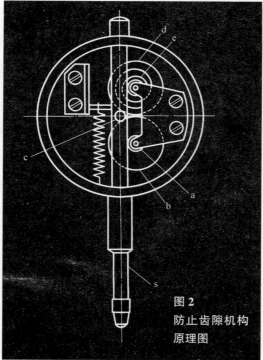

图 2
防止齿隙机构
原理图

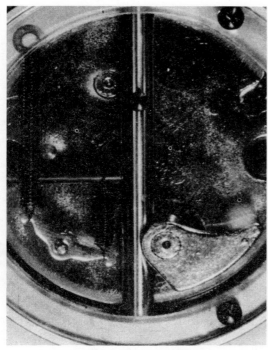

照片7　原长时的弹簧

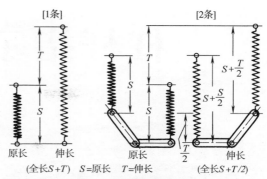

图3　1条和两条弹簧

如照片7那样把杆放在2条弹簧之间，形成图3所示的关系，2条弹簧被均匀拉开，加在弹簧上的力为一半，变化范围狭小。请和**照片8**中拉满的比比看。

照片8　伸长时的弹簧

123

杠杆指示表的结构

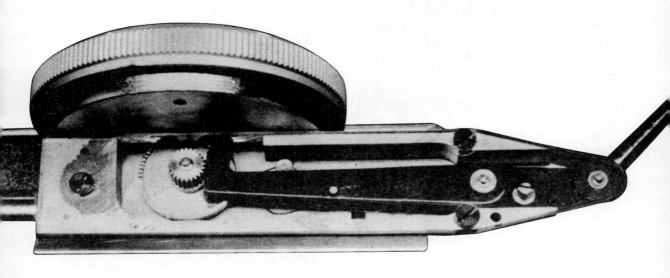

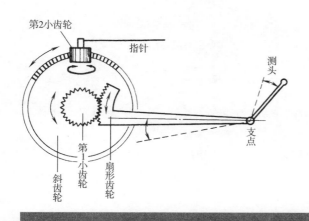

第2小齿轮

指针

测头

支点

斜齿轮

第1小齿轮

扇形齿轮

在这个横跨两页的照片中，可以看到杠杆指示表的内部结构。

由杆放大测头的移动量。杆是力点（测头）和支点、作用点的关系，可在此情况下并非杆的力，而是离支点的距离问题。比起从支点到测头的距离，从支点到作用点的距离大，所以测头的移动量与其长度之比成比例地放大。

* * *

把放大的移动量从被认为是大齿轮的一

部分的扇形齿轮通过旋转传给小齿轮。这与从普通指示表上的齿轨向第1小齿轮旋转传递的情况是一样的。

　　该第1小齿轮和锥齿轮为同轴，相当于普通指示表的大齿轮。它和带指针的第2小齿轮啮合。

　　装有消除齿隙装置的平面涡卷弹簧的大齿轮与第2小齿轮的相反一侧啮合。此处的机构与普通指示表相同。

　　大齿轮代替锥齿轮啮合关系成直角。把

从正面看的照片和从侧面看的照片很好地结合起来看，就很清楚了。

　　　　　*　　*　　*

　　最后总结其原理，是利用"靠杆的旋转运动，尖端画出的圆弧，可认为是小范围直线的变位"。

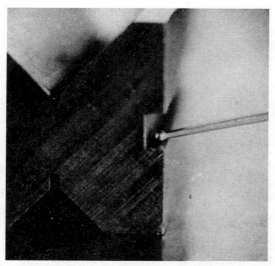

▲测量这样狭窄的槽面，使用杠杆指示表很方便。从机构上讲，测头与测量面以尽量接近平行为宜。

杠杆指示表的使用方法

▼这里是测量直角。

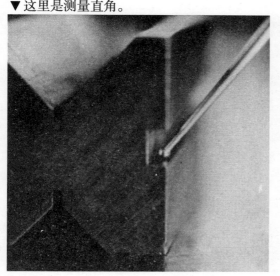

▼测量圆形物体可以这样。

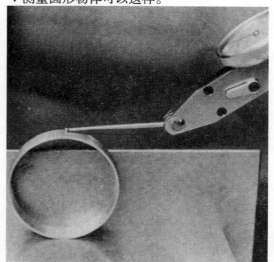

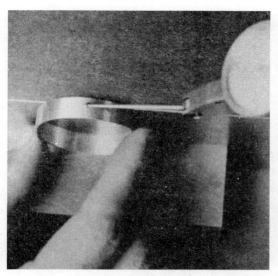

▲测头的方向和被测量物的运动方向相同的情况。

▲是铣床的台虎钳，台虎钳的金属钳口稍微打开就行。这时使用普通指示表来做比较麻烦，钳口必须全开。

▼针指0时，台虎钳的金属钳口与立柱完全平行。

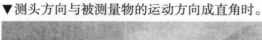

▼测头方向与被测量物的运动方向成直角时。

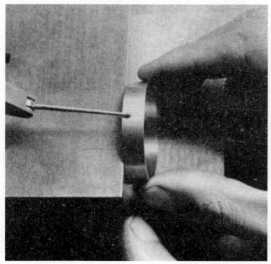

测头的角度

测头制成摩擦联轴器，角度能够自由改变。

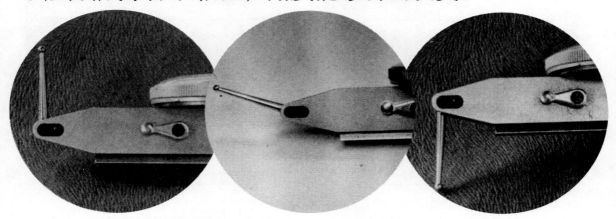

测头与被测量面平行，与测量方向成直角。

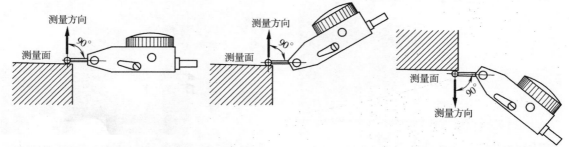

▲由于测头的角度是可以自由变换的，所以测头的前端，必须调整在容易看到的位置。还有更重要的事情，那就是使测头与被测量面平行（与测量方向成直角）。这如同杠杆指示表的原理一样。

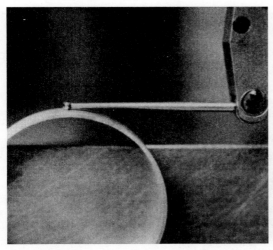

▲这是使测头向前，并成最大角度时的情况。杠杆指示表能调整成这样的角度，以便于读出标尺数值。

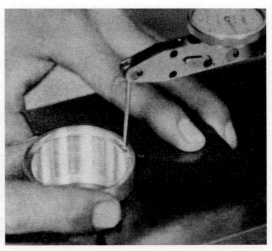

▲这是向后方的最大角度。你认为不合理吗？它是标尺和被测量物内外面直接可见时的姿势，是相对外面进行孔面偏心测量。

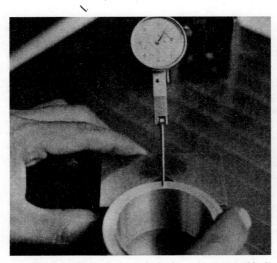

▲表架的螺柱能自由改变角度，所以用不恰当的姿势粗略读标尺的操作方法是不对的。如照片所示测头前端以标尺能看清的角度最好。

▲虽说此处测头与被测量面平行，但这样指示表左右倾斜，测量方向和测头的运动方向不一致，所以也不对。一定要保持垂直。

转换手柄

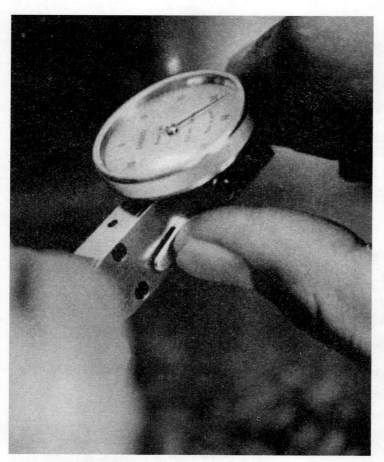

▲这个方便！杠杆指示表能正反变换测头的活动方向。在此侧面上的手柄就起这个作用。手柄的转换操作简单，用手指一按就行！

转换手柄的方向
测头的方向

▶这是向上的测量面的测量。请仔细看手柄位置，处于抬高的位置。

▶手柄方向变了。测头比上面的照片中的位置下降了。只要与基准面平行，用手柄转换就能实现，所以很方便。这是测量向下的测量面。若是不能这样变换，就很难进行这样的测量了。

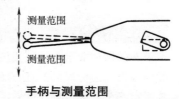

手柄与测量范围

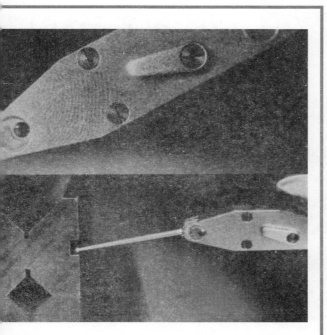

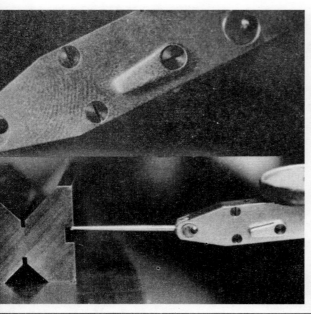

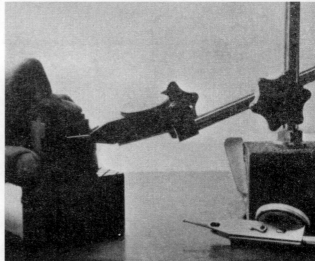

▲现在的装置中取消了转换手柄,仅测头前端
受力,能在任意侧进行同样的活动。磁性表座
前面有转换手柄装置。现在用的指示表上一般
都没有转换手柄。

在实际中

① 是在游标卡尺的游标机构上安装指示表，测量端面和孔的距离，是自制的工具。
② 是高度游标卡尺上安装指示表进行的测量。

		4
2	3	5

的应用

③ 是立式铣床的辅助定心
装置。

④ 的目的与上面相同但稍复
杂，比③的测量范围广。

⑤ 是组装的定心引导装置，
使用方法如照片所示。

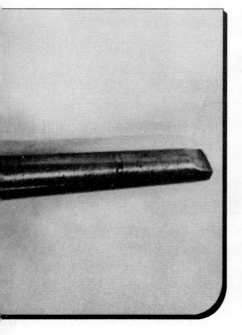

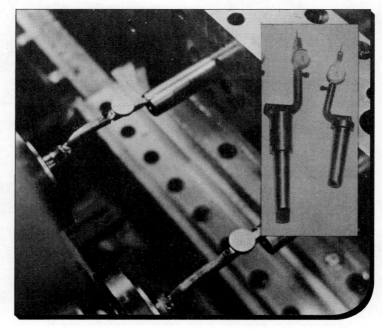

利用指示表的量具

内径测量用量具，称内径指示表。

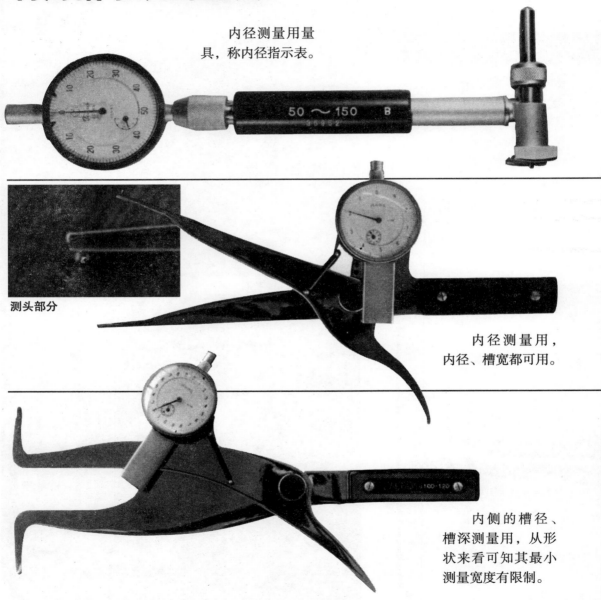

测头部分

内径测量用，内径、槽宽都可用。

内侧的槽径、槽深测量用，从形状来看可知其最小测量宽度有限制。

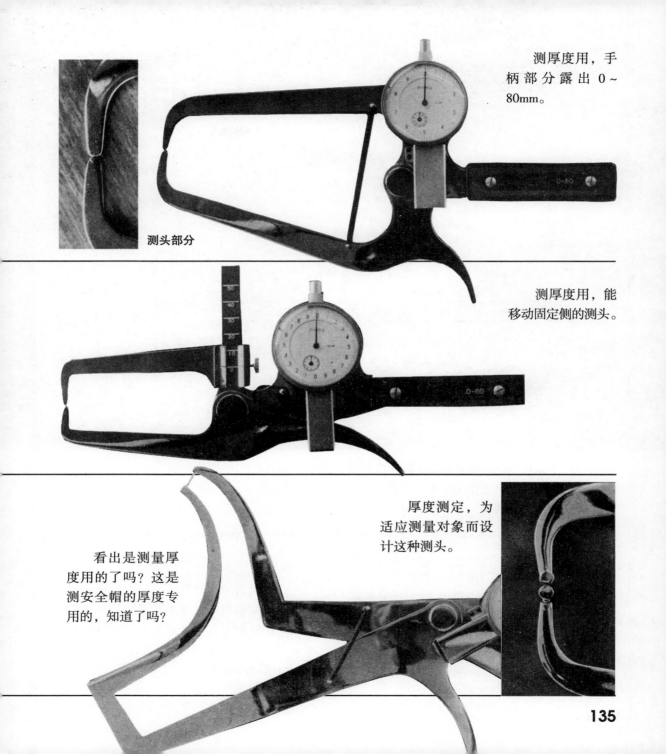

测厚度用，手柄部分露出 0 ~ 80mm。

测头部分

测厚度用，能移动固定侧的测头。

厚度测定，为适应测量对象而设计这种测头。

看出是测量厚度用的了吗？这是测安全帽的厚度专用的，知道了吗？

135

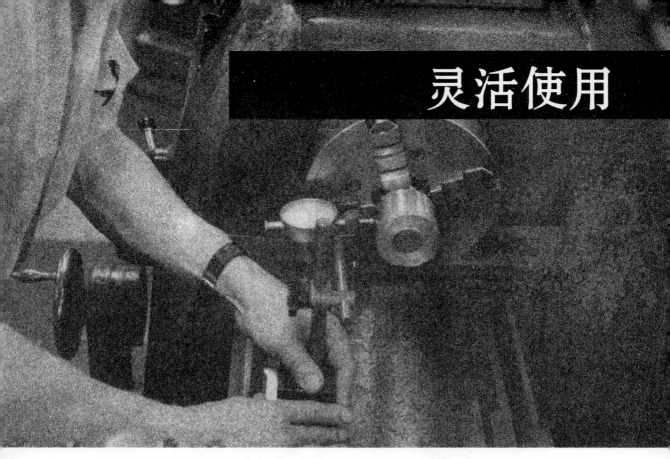

要是认为指示表不复杂，就可以方便地使用。事实上也用它进行很多操作。同样是使用，当然最好是在理解其原理和机构的基础上正确地使用。怎样算正确？毫无疑问是得出正确测量结果，寿命长，首先与技能鉴定评价联系在一起。

指示表是精密量具

——前几天，有一个弄坏车床的人（职业高中毕业，训练1年5个月），要在旋转中更换变速杆，弄坏了支撑离合器的部分。

"机械出故障了。"

"不是出故障，是弄坏了吧?!"

"是出故障了。"

这样对话回答的是学员。由于他敲击指示表把轴套搞弯时，不小心将其掉下弄碎了玻璃，使针翘了起来。他露出"干坏事了!"的表情，同时，还意识到了指示表是测量0.01mm的精密量具。

指示表

1 个新的指示表（分度值 0.001mm），要值 1500~2000 日元，玻璃和针工厂有，修理费用不少于 1 万日元。

这么多钱，对学员来讲，是赔不起的。所以量具一定要小心使用。

如果是分度值为 0.001mm 的指示表,其使用方法是和以上方法不同的。这方面的认识自然也要有。但同样为分度值是 0.01mm 的量具,千分尺为了 0 点的重合而拆分（到接近程度）。可是指示表是"禁止拆分"的。这里介绍其使用方法时，只教一种规定用法,此外的事情不准做。因为那对应用是没有帮助的。

把所有的事情都教完是不可能的。不过头脑中多少有指示表是精密量具的认识，若不把这最基本的一点牢记脑中，是不能判断出它的对错、好坏。

指示表的移动方法

——车工和钳工常因指示表的移动方法而争吵。车工为锥度切削而把复式刀架倾斜，和使尾座移动，确定倾斜角度，将指示表安装在刀架上使之移动。此时指示表是水平安装，所以其移动的方向是左右方向。钳工则是使之在前后方向移动。

"为什么那样做呢?"

"……师傅是那样教的呀。"

"可是，要是不水平安装，标尺能读吗?"

这种认识程度，是还不了解指示表的结构啊。最好不要使测杆上的齿条和小齿轮啮合发生变化，为此在小齿轮的轴向即指示表的前后方向移动，理论上是正确的。所以如果是在没有限制的平板上进行，当然是这样的了。使被测量物前后移动也一样。

如果使指示表左右移动（使被量物移动也一样），相对于测杆向左右方向的力起作用，看 118 页的图可以明白，使齿条和小齿轮的啮合或加深或脱开的力发生作用。

当然，在指示表的测杆上没有间隙。要是有就非常严重。虽然没有间隙，但要认识到那种作用力有害。

所以如果在机械加工车床上左右移动，就不能读出标尺数值。但在铣床上，不能安装工作台和床鞍，因而指示表不能前后移动。具体操作要根据时机和场合而定。

对最初讨论的预测有结果了吗？如果能借这次讨论的机会把重点转向了解指示表结构的方面上来，这将是非常有益的。

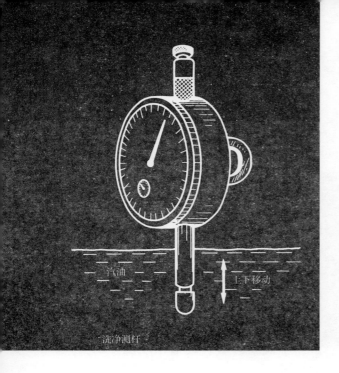

汽油

上下移动

洗净测杆

▲用乙烯管保护测杆

指示表的保养

——看见一个人把油涂在指示表轴套和测杆之间，便问其原因。

"涂润滑油，是减少摩擦阻力呀。"（脸上显出怎么问这样无聊问题的表情）

"那个部位有那种摩擦阻力吗？"

"可是，测杆的活动卡滞，这是滑动摩擦，所以擦油……。"

这种情况下，如果在工具车间用石油全面清洗测杆，就是白费工夫了。因为会粘上很多黏度高的油。

这样一来测杆当然轻松活动起来了。看来还应了解指示表的结构。根据其结构，

如果测杆不动，只要轴套或测杆不变形，原因乃是灰尘。虽不能让灰尘粘到测杆上，但因是在机械厂的生产条件下使用是难免的。

了解其结构之后，准备好汽油如左图所示那样洗测杆。

千分表是分度值为 0.01mm 的量具。它如果没擦油活动变得卡滞，就不能进行分度值为 0.01mm 的测量。与其擦上油易粘沾土，不如洗干净。

使用完后进行保管，可以采用如照片所示的方法戴上乙烯套。如果条件允许，最好再装入购买时的盒子里。

不要撞击测杆

——我拿出用汽油洗过的指示表，轻轻拧入、松开。将测杆拿出放入，活动灵活，没有杂音，试给借用者看。可是有人从我这里领取了指示表，也许是想亲自试试，来证明事实是否与自己所想的不同。马上就用大拇指"咔啦咔啦"猛地把测杆推装进去。

"喂喂，不能那样粗暴地推动啊！"

"是吗？哎呀，最好是轻轻地推动，可……"

"是啦，你也那么想吗？"

这种正常的事情意外地被忽视。同样分度值为0.01mm的千分尺是绝不可有这种事情的（同样的事不应该出现）。但如果稍稍按指示表的测杆，长针就会转几周。有这种事情吗？想想就会知道了，常见的事情却常常被忽视。

测杆的活动力是很小的，但是从齿条到小齿轮，在其瞬间有巨大的力。把精度降低的指示表拆开观察，看到小齿轮的齿形发生很大的变形，注意不是磨损而是变形。

一般认为千分尺的螺纹小而浅不好，指示表的齿轮也同样，小而浅的也同样被认为不好。

指示表的定心

——车床切削圆棒一端，调头时定心，在已切削了的部分上进行定心。如果精度好，只

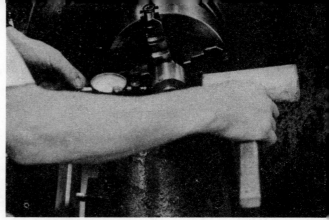
▲用木锤敲时与测杆分开

用划线盘就完全能做到，如果同心度要求严格，偏差还必须摆动小于0.01mm。要是数量多，使用未淬火的三爪自定心卡盘、弹簧夹具和其他夹具；单件还是用四爪单动卡盘定心。我年轻时是只用划线架的，因为指示表本身是贵重物品呀。唉，从前那些事不说啦。

用卡盘的边定心，然后看接近前端的摆动偏差，这是定心的一般做法。指示表的测头靠近自己这边，用木锤敲针指向负值的另一侧。

关键就是这个时候。如不注意，敲打时会将指示表测头碰到工件。前几天我还曾制止过这种做法。

"喂喂，用力太猛啦！"

"什么呀？"

"那种敲法呀。"

"用木锤难道不行吗？"

即使用木锤敲，在那瞬间指示表的针受剧烈振动，会振动许久的。会发生前面说的"不准撞击测杆"的极坏的情况。

这时仍是最好如前面照片所示，在敲的

瞬间抬高指示表的测杆，使测头离开工件。抬高测杆，既可在头部位置拉，也可使用控制杆。

在敲击之后，测头接触工件时，如果针达到偏差量一半，即使不旋转也能确认先前定心状态。当然，为了慎重，要将其旋转观察。

指示的稳定度

——把指示表的测杆随便取出放入似乎成了一个习惯。无论谁从工具车间借出来时或者在使用之前，大都这样做。但是，这除了检查测杆是否活动顺畅之外没有什么意义。

例如，有人一边走一边喀哒喀哒地拨动测杆。别人问他：

"为什么要那么拨动啊？"

"拨几回总指到相同的位置来调节调节看呀。"

"测头处于空置状态似乎不能调节吧？因为不管怎么说，测杆已经退到最下端了。"

"噢……"

同是喀哒喀哒地拨动，在使用状态下是正常工作。此时针总是指同一位置，可以看作指示是稳定的，是该测量尺寸。

JIS中有关于指示表的性能，即"指示稳定度"的项目。其中规定符合该指示的差应小于量程0.3。

此量程的0.3作为判断标准。最好要了解下面的内容。

指示表的长针尖端的宽度和标尺标记的宽度，最好相等。标尺标记的宽度小于标尺间距0.15倍，长针与标尺标记线重合的部分为其标尺标记长度的0.2~0.5倍。

相比无意义地喀哒喀哒拨动，最好还是确认正确指示的稳定度。

局部磨损的修磨方法

——有某种零件全部进行检查的情况。当然是使用指示表检查。使用范围是0.3mm左右。这种操作要做上千万次。被测量物是自动进给，不需要人力，只看指针淘汰掉偏离极限指针的。

当然有局部磨损。齿条、小齿轮、大

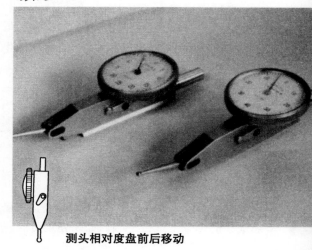

杠杆指示表的

纵形 T

测头相对度盘前后移动

齿轮都那样，必然有精度误差。无需多言，由于定期检查量具而使生产过程不发生事故。

如果只在小范围内使用，由于这种原因而产生误差的指示表，可使用修磨的方法修整。这种方法很简单，即使业余人员也能用。

测杆头部的一端放到轴套上侧。取下挡帽，测杆连接在其中大头部位的小螺纹上，螺纹旋入测杆的前端。松开该小螺纹，把环套进头部下部的细项上。当然，安装时要很好地保持平行。

这样，测杆总是仅被上推了一个环的厚度。这种情况下，齿条和小齿轮、大齿轮和游标的啮合位置，会与原来的位置错开。从而可以避开使用磨损的部分。相应地，测量范围也缩小了同样的长度。但这只是某个厂家的产品。

最大示值误差

——测量台阶长度为 9mm 的物体时，将指示表塞入 9mm 以上测量上段。然后保持原状直接把测杆退下来测量下段。这样就完成了。

"把两侧用量块比较测量，结果怎么样？"

"相差 0.01mm。"

"怎么，知道是什么原因吗？"

"……"

不，不是人的问题。因为量具都要专门设置定期检查，以保证其使用可靠。

不过，指示表有最大示值误差这项测量项目，希望了解测量范围 10mm 的内测量误

3 种类型

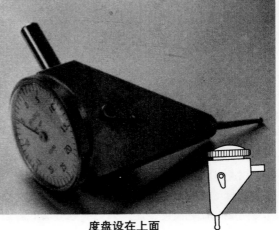

横形 Y

测头相对度盘左右移动

垂直形 S

度盘设在上面

差为 0.01~0.025mm 是允许的。

刚才的对话发生在用平面磨床加工过程的测量中。因为准许某种程度的误差，并不是指示表本身不好。有时不能确定示值误差最大的位置是在哪。这时仍需要在上下各段分别与量块进行比较测量，这必须作为基本操作进行讲授。

在 JIS 中，也有对"相邻误差"、"回程误差"的说明。相邻误差、回程误差在实际使用时一般没有问题。相关内容初学者请参考下页的 JIS 部分。

前面说过的局部磨损的修整品，这种方法在最大示值误差范围中使用无效。不过在小范围内使用，则没有问题。

就是这么简单的操作，一个量具如能修整，是很经济的啊。

指示表的放置方法

——有一个非常积极的人，经常以批评的眼光看待现状。该人前几天如上图所示放置指示表。我们指导他应平放在一些软的东西上。

"为什么不像教的那样放？"

"但是，把薄玻璃放在下面不是很危险吗？"

"你了解指示表的结构和作用吗？"

"……"

原来是不了解指示表测杆的重要。必须避免使用把测杆压弯或使用容易压弯的姿势。只有这样才能保持百分表的精度。

可是相比起测杆，这个人更注意玻璃的薄

▲这么放，轴套和测杆都会坏

厚。因此，使用所教的方法，担心损坏薄玻璃。可是只有在上面加上某些重物时，玻璃才会破碎，而如前面照片所示状态放置则会使测杆和轴套的关系变差。

为了保护测杆可用前面说的套乙烯管。那也要像以前讲过那样，保管时防止粘上尘土，要干净利落。仅改变放置方法是没用的。

保管时的放置方法和使用时的放置方法，还必须加以区别。

轴套的安装方法

——有一个总是使用杠杆指示表的人。嘿，可以认为他是从事精密加工操作的人。可是该人碰巧遇到测量范围大于 1mm，因此而使用了普通的指示表。

"了解轴套的安装方法么？"

"什么？还有特别的安装方法?!"

"知道普通的和杠杆式的区别吗？"

指示表的性能　　　　(JIS B 7503)

项目	测量方法	图	测量用具	性能

最大示值误差

把指示表的测头放在下面并且保持垂直（又使表盘成水平），将测杆放到 0.1mm 的位置作为测量范围的基准，以指示表的读数为基准。从基点 1mm 间隔 0.1mm、1mm 以上间隔 0.2mm 把测杆推入到测量范围的终点，从指针读数扣除测量用具的读数，根据一系列测得值（示值误差），画出示值误差曲线图，求该曲线图最高点和最低点的差值，以此为最大示值误差

测量头或测量器最小标尺数值 2μm 以下综合误差在 ±1μm 以内

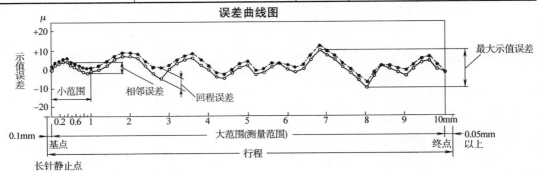

单位 μm=0.001mm

等级	最大允许误差（最大值）		相邻误差（最大值）
	测量范围		
	5mm	10mm	
1 级	10	15	8
2 级	15	25	10
特级（参考）	5	10	5

相邻误差

从用最大示值误差的基点求 1mm 的误差曲线图的最高点和最低点的差值，以此为相邻误差

回程误差

示值误差测量完成后，保持原状，将百分尺的读数为基准从终点到 1mm 间隔 0.2mm、从 1mm 基点间隔 0.1mm 到基点，把测杆反方向返回，求在同一读数地方的前进和返回的测量用具读数差的最大值，以此为回程误差

单位 μm=0.001mm

等级	回程误差（最大值）
1 级	3
2 级	3
特级（参考）	2

误差曲线图

μ

+20
+10
示值误差
−10
−20

小范围　相邻误差　回程误差　　最大示值误差

0.2 0.6 1　2　3　4　5　6　7　8　9　10mm

0.1mm　　0.05mm 以上

基点　　大范围(测量范围)　　终点

行程

长针静止点

"杠杆式是 $\phi 6$。普通的？嗯……是 $\phi 8$ 呀。"

能知道尺寸的区别，该人就是很厉害的人了。不过最主要的还是结构上的区别。

尺寸区别，做做看就明白了。稍微费点工夫没问题。不过，杠杆指示表的轴套是实心的圆棒，不管怎么用力紧固，也不担心损坏。

然而普通指示表的轴套是中空的，测杆在中间上下移动，而且为了轻轻进行测杆操作，轴套下端部以外是露出的。

如果用和杠杆指示表实心轴套相同的力量紧固，则有变形的危险。此处的紧固同定位螺钉一样，是将力加在一点上。

所以紧固方法不是像定位螺钉那样把力加在一点上，而是应全部统一紧固。

测杆和轴套的间隙是 0.005~0.01mm，所以即使轴套下端部厚度厚而结实，如果只在一点上特别紧固，也会影响测杆的活动。

商品名与 JIS

——我曾被问过杠杆指示表和小型测微仪哪个好。真应该佩服厂家宣传本厂产品商品名的宣传力。

指示表的 JIS 标准是在昭和 28 年制定的，JIS 标准号为 B7503，是千分尺下一个号。

可是杠杆指示表是昭和 41 年制定的，为 B7533，制定时间很晚。到这个 JIS 标准制定时为止，因为各厂家都分别以自己商品名销售，其商品名都已普及了。所以"杠杆指示表"之类的名称，当初并不是通用的叫法。

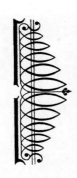

光滑极限量规和量块

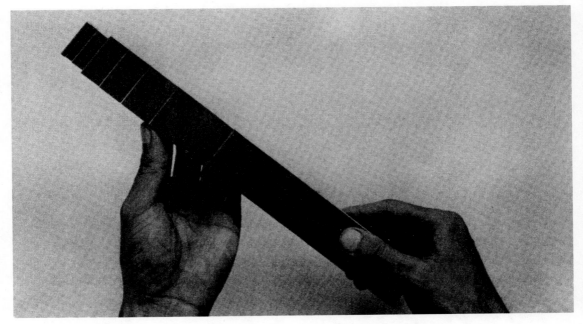

　　光滑极限量规的定义，是对某个尺寸规定一定的容许误差，检查被测量物是否在该容许公差内的量规。它基于这种设想：只要在一定公差内，其实际尺寸是多少都没关系，没有必要测量。

　　所以有人对把光滑极限量规归入量具提出异议。不过因为是生产车间所使用的量具，

这里主要介绍难测量的孔用量规。

　　量块是与以上不同的量具，用它能直接测量的结构只有平行的槽、方孔。不过它是用于游标卡尺、千分尺、指示表的精度检查，使之与基准一致的重要工具。其定义是具有某个尺寸的块，这个"某尺寸"有很多种。

光滑极限量规有孔用和轴用 2 种。另外根据基本尺寸，在 JIS 中分成右表中所示的种类。

圆柱塞规，量规的工作部分如图所示制成圆柱形。量规工作部分需要耐磨性高的钢材，手柄不要求此种材质。于是量规工作部分和手柄采用分别制造、再组装使用的方式。

如果量规尺寸大必然重，为了操作方便减轻重量，把量规工作部分只做一段圆柱的非全形塞规，又节约了材料。手柄当然是组装式的。

非全形塞规基本尺寸分为小于 120mm 的和大于 120mm 的，其形状不同。

要是尺寸更大，就制成板

● 圆柱塞规

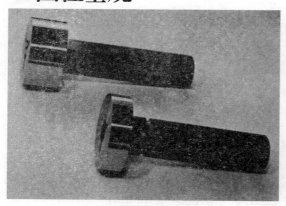
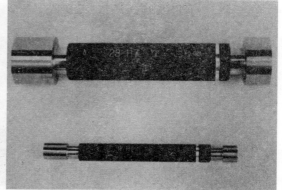

● 非全形塞规

基本尺寸120mm以下

基本尺寸120mm以上

状。这样，就不再需要手柄，称作板形塞规。

尺寸更大时，制成为杆形，称为球端杆规。

在轴用方面，有在轴向检查的圆柱环规。可用作全周检查。

卡规穿过轴在与轴线垂直方向检查，呈板状，分为3种类型。

光滑极限量规的种类

	光滑极限量规的种类		基本尺寸范围 /mm
孔用极限量规	圆柱塞规	锥柄式	1～50
		三牙锁紧式	50～120
	非全形塞规		80～250
	板形塞规		80～250
	球端杆规		80～500
轴用极限量规	圆柱环规		1～100
	双头卡规		1～50
	单头双极限卡规	片形单头卡规	3～50
		圆片形单头卡规 C 形规	50～180

●板形塞规

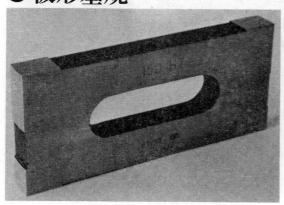

●球端杆规

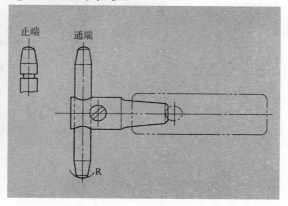

止端　通端

R

●圆柱环规

●片形和圆片形卡规

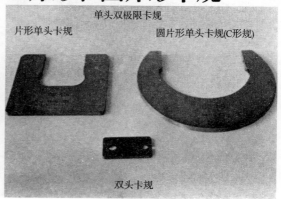

单头双极限卡规

片形单头卡规　　　　圆片形单头卡规(C形规)

双头卡规

147

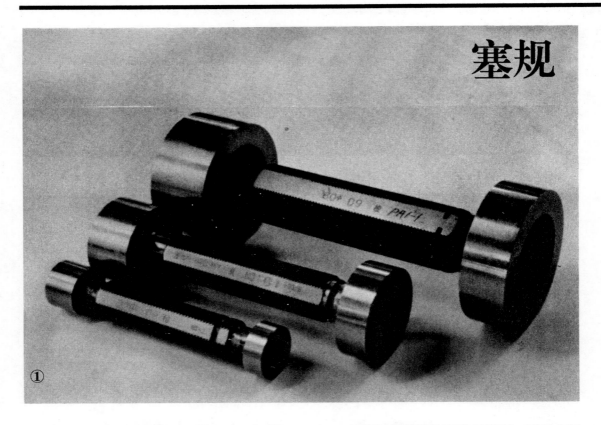

塞规

①

极限量规分孔用和轴用两种。孔用极限量规根据孔径分为多种类型。

最多见的是塞规。它也称"栓规"。我想，从图①所示的形状或从其使用方法考虑便可明白。

中央部分不说就知道是把手柄，两头分别是"通端"、"止端"的各规。不必说，根据要测量的各尺寸，有许多种规格。

塞规重要的尺寸部分中宽度大的称为"通端"，宽度小的一端称为"止端"（见图②）。

不能仅仅根据外形进行区别，要看中间的手柄，能看到一些文字及数字。放大来看如图③所示。

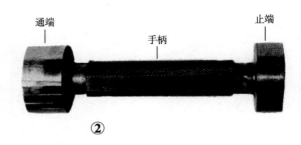

通端　　　　　手柄　　　　止端

②

红色

③

④

通过上图可知这是 64ϕH6 的孔配合的塞规。64 是基本尺寸的数字。H6 表示孔基准的配合。其通端刻印"通"字和数字"0"。

因是轴孔，±公差很麻烦。孔尺寸，其基本尺寸没有最小极限，轴不能进入。因此通端不需要负尺寸。总之，如果该通端尺寸的一端能进入的话，证明其轴孔的尺寸大于该基本尺寸。

图④所示为止端的量规，量规的工作部分不仅宽度小，而且在手柄和量规工作部分之间或接近手柄处刻着槽，通常涂红色，是"停止"的信号。

用该红色指示注意合格尺寸的极限。

手柄部分和通端一样指示有"止"字和 +0.019mm 的最大容许尺寸。轴孔的尺寸如大于此基本尺寸 ±0.019mm 尺寸，虽轴能进入，但会因配合过松而影响性能。

塞规的使用
方法

让我们用塞规测量看看吧。

首先用通端测量已加工的孔。此时必须将孔的轴线和塞规的轴线正确对正（见图①）。

要如图②所示倾斜进入，则或者不动，或者工件上存在卷边。尺寸差只有一点点，稍有倾斜就不能进入。

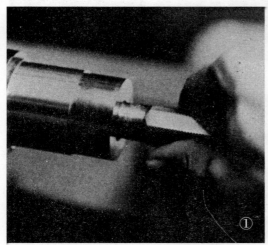

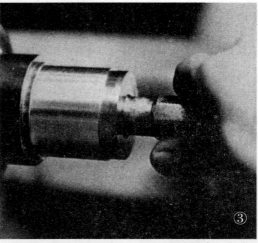

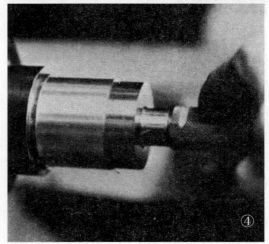

必须确认"通端"是否进入孔的深处（见图③）。

仅伸到孔的入口是不行的，因为孔的深处会变细。

"通端"如果能进入，孔的确比最小极限尺寸大。于是，这次如图④那样尝试将"止端"放入孔。看到手柄上的槽是"止端"。在这里"止端"如果进不去，明确了该孔比孔的最大尺寸小，因此这个合格！

不过，在用塞规检测之前，注意不要让尘土残留在孔内。如有尘土，塞规当然进不去。不仅如此，还会损坏专门加工的内表面。要如图⑤所示用塞规检测之前，请用空气或用碎纱、手指尖把加工面清洁干净。

塞规的保管

塞规的测量面，是洁净磨削加工的。为使该重要表面不受伤、不生锈，如图⑥所示，用可剥落薄膜保护、保管。

此外，把很多规格的种种塞规备齐成套需要非常大的空间。于是也可把手柄和量规工作部分分开，用时再用螺纹组合起来。JIS规定了锥柄式和三牙锁紧式的组合方法。图⑦是 $\phi 20 \sim \phi 50mm$ 间隔 1mm 的一套，可将其用螺纹与手柄组合。

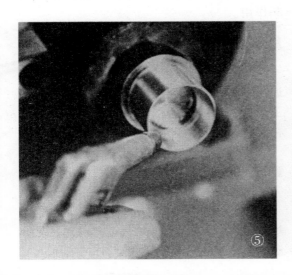

从"模范"、"挟范"到极限量规

极限量规这个词从出现及到普遍应用，都是在什么时间呢？

设计量规的最初设想，是制作某种模范的工具，将其转移到卡钳，制造与"模范"同样尺寸的工具。这个方法，在轴和轴孔的关系中，由于测量误差等原因而发生轴变粗、孔变细的情况。

大量生产、互换性与量规

与上述方法对应，产生了以下的方案：轴、孔都规定了最大尺寸差，在该尺寸差内生产，即使随机抽取样品搭配，也具有在一定范围配合的互换性。这样生产中使用的量规称为极限量规。

在日本，旧陆海军为了大量生产武器和保证互换性，采用了这种极限量规的方式。陆海军把最初的量规称为"模范"，之后的界限量规称作"挟范"。

现在50岁以上的人，在刚开始工作时就学会了这个名称，直到现在量规的方面上还使用"模范"这个名称。常常碰到这样的人。现在的黑田精工公司，以前公司名是黑田挟范制作所。我想这个名称与上面由来是密切相关的。

事实是使卡钳与"模范"配合——将"模范"的尺寸移到卡钳上——将它转移到产品上，上面这样操作的人大多是凭经验工作。

那时候极限量规已经普及，用与止端配合的卡钳控制上限，与通端配合的卡钳控制下限＝正尺寸。

这时主要使用圆柱塞规。然而圆柱塞规本来是孔用的量规，它严格说是检查所加工的孔是否进入极限尺寸内的量规。它无论是被加工者用于确认检查，还是被检查部门用于产品检查，都只对最终的检查起作用。

用于判断精加工余量

以车床为例，用镗孔刀进行孔加工，接近完成，靠刻线度、卡钳控制，进行最后加工余量的判断。要判断后面切削多少，是否在所规定的公差内。

要是切削量过多，当然是废品，所以留意观察较稳妥。不过，还有用极限量规判断完成的情况。

这是极限量规端部拐角的圆弧。为使量规容易进入，在量规的端部设有圆角。根据该圆角部分的进入情况判断。

孔尺寸小时，与该圆角有关，量规不但进不去反而会自由滑动。在接近孔加工尺寸时，即使存在圆角面，因切线对轴线的角度变小，使量规一部分露出到孔外，部分切入。通过该切入刚度或该切入情况，判断与量规尺寸的差，即切削余量。

这种使用方法，也许并不是极限量规正确的使用方法，但是作为内径量具用比作为外径测量用性能更好。当前内径量具非常少，这种方法因适合在一道工序情况下使用而得到广泛应用。

量规部边线处的圆角，JIS 中也没有规定，各个量规除了靠感觉掌握其附着力情况之外，似乎没有别的办法。

卡规有锻造制品。如板形规，由于通过时其形状会发生变化，头部容易张开。为了减少变形而做成锻造品。从形状看单头形呈 C 形，双头形呈 X 形。

制成这种锻造品，卡规的规面能扩张。规面的宽度可变大，优点是测量时不担心出现倾斜。只是价格高而需要少。所以 JIS 中没有收录。

卡规的使用方法

这里不是针对卡规照片的说明，只是简单介绍卡规的使用方法。

卡规的结构很简单，被测量物只接触 2 个点。因而，既然检查轴，至少需要在相互垂直的 2 个方向上检查。极端地说，就是排除椭圆误被检判定为合格的危险。

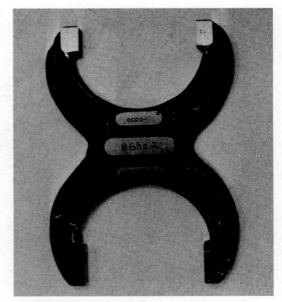

▲锻造制成的卡规（双头形）

从结构上看，由于使用时的外力而有扩张的倾向。随便塞入会使量规扩大，通端就没有意义了。将卡规面的前端接触轴的一端，以那里为支点，在使卡规进行回转运动，另一端的卡规面接触之后塞进。

此时，在两卡规面没被隔开时，似乎要碰到被测量面，不需通端，即可说明轴尺寸大。这时可根据该规的角度位置推算切削余量。

相反，当被测量物小时，也可把卡规一侧固定进行检查。此时使被测量物翻转或滑动塞进规面。

量块简介

发明者约翰森

量块也被称为是工业用的各种长度量具的标准原器。断面形状是长方形，两端面被研磨成平面，相互间准确平行，作为长度的基准使用。

单块的和与总和相等

量块有多种，使用最广的是约翰森型。

该约翰森型量块，是瑞典兵工厂从事检查工作的人约翰森，从"制作多数小量规，将其组合成多种尺寸，希望选出兵器生产需要的全部量规"开始，反复进行各种研究，而在1894年发明的。此时最初制作的是102个量块，从1mm到201mm每个相隔0.01mm，能进行20000种的测量。

1930年，日本开始用作工业用生产的是津上制作所的津上退助。

这种约翰森型在JIS中作了规定。有标称长度10.5mm以下的为 $30 \pm_{0.2}^{0} \times 9 \pm_{0.1}^{0}$，大于10.5mm 的为 $35 \pm_{0.2}^{0} \times 9 \pm_{0.1}^{0}$ 2种。其厚度各不相同。把它们从2个到100个进行组合得出必要尺寸再使用。组成这种组合时，量块各个尺寸的和与组合的总和完全相等。各个单件的尺寸准确是量块的最大特点。

▲标准套量块一套103个

各个单件的尺寸的和与总和相等，进行组合时不能产生误差，这称为研合（紧贴）。

那么是怎样使平面金属块彼此间不用结合剂而能简单研合呢？其原因迄今并不很明确。一般认为是因为存在于表面的薄膜凝聚力（表面张力）。

精度 AA 级±0.05μm

量块不是单个使用，大多是由若干个组合（靠紧）使用，因此若干量块组合成为一组。组有多种，最标准的是 103 个量块组成 1 组。

使用它，测量从 2mm 到 225mm 之间相隔 5mm 的 1/1000（μm）的任意长度。代表性的组合见表 1。

正因为作为长度测量的基准用，所以量块精度制作得极高。例如标称尺寸 25mm 的 AA 级的只允许 ±0.05μm(±0.0005mm)以下的误差。表面粗糙度是 AA 级、0.06μm 以下。正因如此，端面进行抛光加工，甚至能像镜子那样照出文字和脸。

机械加工和量具的检查时，分别准许允差，可以按允差内的最大值制成，没有必要完全按尺寸做，可用与极限规的通端、止端一样的方法进行加工。同样，虽然量块可作基准，并非经常使用尺寸精度高的 AA 级，按用途分别使用，能避免浪费。根据不同等级其有不同的用途见表 2。

由于量块通常用于测量钢制物体，所以用与之配合使用热胀系数相等、耐磨性高并进行淬火热处理的工具钢。JIS 没有关于材料的规定，现在多使用碳化铬、碳化钨等。

表 1　量块的标准组合

组合号	组合个数	尺寸间隔 /mm	基本尺寸 /mm	可能使用范围 /mm
3	1	——	1.005	尺寸间隔 0.005 2～225
	49	0.01	1.01, 1.02……1.49	
	49	0.50	0.5, 1.0……24.5	
	4	25	25, 50, 75, 100	
	103 个			
7	1	——	1.005	尺寸间隔 0.005 3～225
	9	0.01	1.01, 1.02……1.09	
	9	1	1.1, 1.2……1.9	
	24	25	1, 2, 3……24	
	4	0.1	25, 50, 75, 100	
	47 个			
9	4	25	125, 150, 175, 200	尺寸间隔 25 250~1200
	2	50	250, 300	
	2	1100	400, 500	
	8 个			
10	9 个	0.001(+)	1.001, 1.002…1.009	
11	9 个	0.001(−)	0.999, 0.998…0.991	

表 2　各等级量块的用途

参照用	标准量块的精度检查学术研究	AA 级或 A 级
标准用	工作用量块的精度检查 检查用量块的精度检查 测量仪器类的精度检查	A 级或 B 级
检查用	量规类的精度检查 量具类的精度检查	
	机械零件、工具等的检查	B 级或 C 级
工作用	量规的制作 测量仪器的精度调整	
	工具，刀具的安装	C 级

研合

一个接一个重复研合，形成如此之长的紧密连接

把多个适当尺寸的量块研合能组合成需要的尺寸。例如使用 103 个组成的一套量块，组合出 55.865mm 尺寸：

$$1.005+1.36+3.5+50=55.865$$

或 39.605mm 时为

$$1.005+1.1+25+12.5=39.605$$

考虑组合时，最好是从需要的最小尺寸按顺序减去。此时，尽可能以最少的组合得出需要的尺寸。

当使用量块时，从储物箱中取出需要尺寸的量块，要用布蘸上汽油把防锈油擦净，然后用清洁的干布擦净。

干布擦后不能立刻研合，而用光学平行平晶检查测量面。使带毛边和伤痕的面研合会使双方测量面受伤，精度下降。请务必进行这个检查。要轻轻移动光学平行平晶，强烈的摩擦会使双方损坏。吹掉脏土、灰尘、擦油时如无干涉条纹的，则可能有毛刺。

毛刺等突起物用磨石轻轻研磨能去掉。在这种情况下不磨去会影响尺寸。当然，去掉毛刺之后，再一次使用光学平行平晶检查干涉条纹的状态。

此时使用的磨石材料类似于氧化铅2000 号，这是很好的研磨精加工的材料。新磨石表面粗糙不能使用。

研合时不必压紧，量块就能黏合在一起。如研合的面间有一点油膜效果就更好，黏合力弱时可涂上一点点油。

厚量块的研合，把擦拭好的量块相互成 90° 垂直方向往复运动。如表面的质量状态好，这样就没问题。但如果打滑，金属相互间有滑动时，可先重叠一半再滑动，使之研合。

检查是否全面研合，用手指压紧研合面，交叉往复推动观察，只有一端研合时，量块以该处为中心旋转重做。

用薄量块研合，把一端重叠，再使之轻轻滑动，一端吸住后，一面按紧一面慢慢推动对齐。薄量块大体很少有圆角。因为厚度薄，容易弯曲，有局部凸起的情况。

是否凸起可用光学平行平晶检查。

▲研合放正，干涉条纹是直线

▲研合不良，中间部凸起

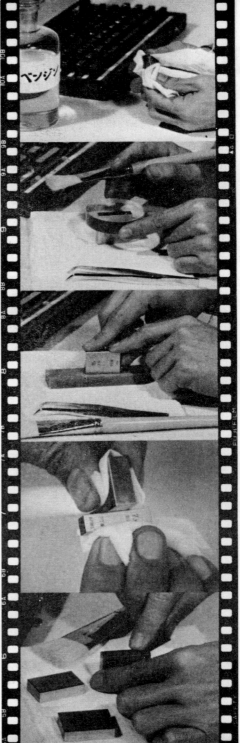

◀擦掉防锈油

◀检查测量面

◀用磨石磨掉毛刺

◀成90°垂直方向往复运动

◀用薄量块与之研合

量块的使用方法

量块除单独使用之外，与附属品配合可进行宽度长度测量。

① 正弦规经常用于测角度。在平板上放置2组量块，其上面放正弦规，正弦规上表面与平板的角度为 θ（$\sin\theta = H - h / L$）。

② 也用于千分尺的精度检查。

③ 测量平面间的距离。使用爪、量块、台虎钳测量小零件的高度。量块的基本尺寸根据测量尺寸选取，像极限量规那样需要通端、止端2组使用。

④ 使用量块和检验棒测量圆锥量规。

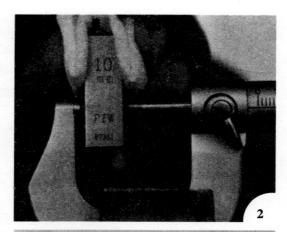

2

3

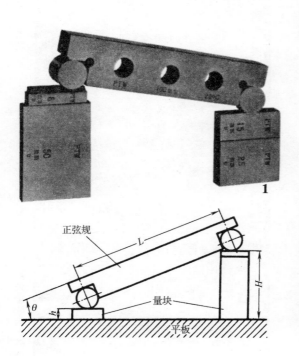

1

正弦规

量块

平板

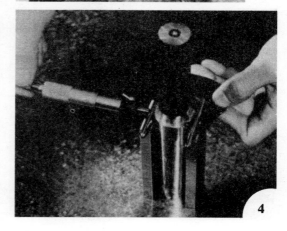

4

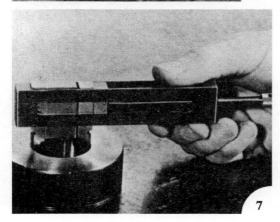

⑤ 用量块和卡爪、支架做成通规，检查塞规。

⑥ 使用量块和检验棒测量燕尾槽的尺寸。

⑦ 使用量块和圆形卡爪、支架组装成内径测量用规，检查孔径的精度。

⑧ 使用检验棒测量被测量物的孔的高度。量块作为指示表的基准。

⑨ 使用光学平行平晶和量块，测量千分尺的测微螺杆和固定测砧两测量面的平行度。

量块是长度的基准，经精加工成较高精度，具有非常严格的公差。因此使用量块时，必须十分小心地操作。否则其作为长度基准的价值就没有了。

量块的寿命是经抛光精加工的相对 2 面的尺寸、平行度、平面度。正因如此，使用量块必须彻底杜绝对上述 3 要素产生不良的影响。

要注意避免测量面的脏物、伤痕不用说，对于温度造成的影响也得十分注意。

量块的使用和保养

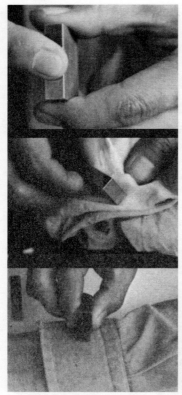

▲不能用手直接拿量块，不能用指尖去擦拭测量面。量块严格控制在误差之内，所以受体温影响会使尺寸出现偏差，用指尖也不能擦干净。

不准用现有的废棉纱头去擦。擦灰尘和切削液的纱布和擦量块的纱布一样……（是不行的）。其次也有人用工作服的袖口擦拭，这也不行。

▲不能直接用手拿量块，要用竹制的小镊子和纱布拿。清洁量块时用干净的棉布和纱布、麂皮等轻轻擦拭测量面。

▲请不要在阳光直射的场所和炉子附近等温度变化大的地方使用量块。

量块的热膨胀

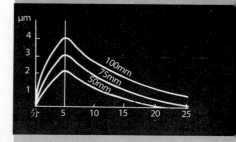

用手拿量块会产生怎样的误差，现介绍一个实验数据。

用手摸量块 5min 之后自然放置，检查热胀了多少，以及怎样还原到原来状态。

由此来看，例如 100mm 长度的物体膨胀 4μm 以上。JIS 所规定的 100mm 的量块的尺寸误差 A 级是 ±0.40μm，B 级 ±0.80μm，C 级 ±1.6μm，所以这个膨胀量是过大了。

由此可知，用手直接接触量块是不对的。当然也必须考虑被测量物的温度。量块 20℃时可准确作为尺寸标准，用于长度基准和精密测量，但必须在恒温室使被测量物与室温一致之后使用。

✕   ○

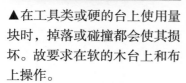

▲在工具类或硬的台上使用量块时，掉落或碰撞都会使其损坏。故要求在软的木台上和布上操作。

把量块一块块相互重叠放在硬金属台上会造成损伤，要禁止。

▲使用完用乙醚等除掉污物，将防锈油涂在干净布上，细心地擦拭，绝对不准研合放置。

保管场所以温度（20℃）、湿度保持一定的恒温室为好，如无恒温室，则选湿度小、通风好、温度变化小的场所保管。

长期保管放置时，要定期检查、修整。

平板

精密测量一定在平板上进行。

避免被测物与指示表和直角尺相碰、滑动，最好把被测量物、量具都在平板上放置好。

此平板为精密测量用的，JIS 规定为"精密铸铁平板"。

平板一般是铸铁制造，用铸铁造的原因如下：

1. 复杂形状容易成形

平板用铸铁制成没有凸起。材料尽量少而不变形。如照片所示内侧带加强肋。这样结构切削、锻压很难成形。故它是一次铸造成形的。

2. 吸振性能好

敲敲它看马上就知道。即使不特意用手柄敲，在上面放置其他物体时也能清楚。用文字较难表现，其声音为"咯噔"或"咙咚"之类短促的声音。若是钢材，则"铮——"的声音持续很长。声音延续时间长是振动长。故铸铁的吸振性很好。

3. 润滑性好

铸铁与碳素钢等合金类似，含有许多碳元素。这种碳元素（石墨）具有润滑性，可以自由滑动。这样，使被测量物和测量仪器在平板上滑动是很方便的。

4. 耐磨性好

总之坚硬而耐磨。

根据以上理由，平板大多

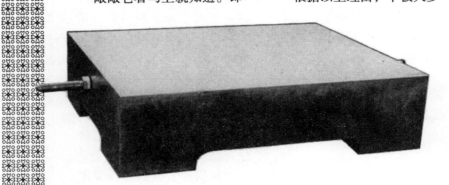

▲两侧带手柄的平板

用铸铁制造。JIS 中对精密铸铁平板规定了使用面的大小、重量、平面度、平面度的测量方法，设 3 个支脚等。

支脚是 3 点支撑最好。一般用的未必都是这样的。小的为搬运方便，侧面带手柄，设置了穿过圆棒的孔。

表面大都是刮研的。划线用等暂且不论，除了测量用精密的工具以外，其他物品是不能放在上面的。任何时候都要保持清洁，并涂上油。如可能要使用一些方法保护其表面。

另外，小的平板也有用钢材淬火再磨削加工的。

从硬度、不易振动、不变形几点考虑也有石材平板。

▲上面是平台的内侧，可看到 3 个支脚、两侧手柄

▲稍大一点的两侧各 2 个孔可以穿过圆棒

◀花岗岩制造的平板

163

直角尺

直角尺是 JIS 规定的名称。一般称"方形水平角尺"即 Square。Square 是"四角、直角尺、自乘、平方"之类的意思，除了名词词性之外还有形容词、动词。

它类同美式方形集体舞的方形。美式方形集体舞由 4 人跳。

同样在 JIS 中还有一种叫"圆柱直角尺"的(见 166 页)，这个名称是有点奇怪。

直角尺分有刀口形、I 形、平面形、宽座等几种。JIS 中规定了各部分的尺寸。

直角尺使用得最频繁，平面形简单可以自制，稍经训练就一定能制做，也能进行简单修整。

正因如此，直角尺的大小、规格等自然是多种多样。一般用得多的是平面形和宽座式等，规格产品的质量都无问题。

用直角尺测量直角，分为握在手里使用内侧直角测量和在平板上使用外侧直角测量 2 种方法。可是握在手中测量的方法无论如何也是不稳定的。要尽量把被测量物和直角尺放在平板上测量。

不管什么方法，使直角尺接触被测量物时，要透过光看，不要碰尺的面。

将尺稍稍倾斜，一定要接触到角，就是说接触的位置成 1 条线。此外，重点要接触相同的角，即要接触前端面。

▲有各种形状的直角尺，这是 JIS 规格外的产品

使用直角尺的前端面测量

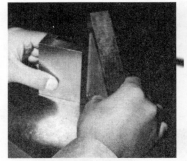

▲这是正确测量方法

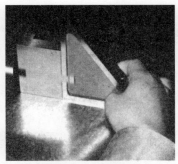

▲这样不能正确测量垂直度

▲当前侧有影不易看清时

▲使用内侧检查垂直度

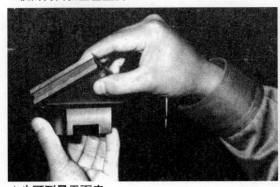

▲也可测量平面度

▲划线时，测出垂直度

圆柱直角尺

圆柱直角尺是圆柱形状的工具。这种量具除了做成圆柱形状，外观上并没有什么特别。圆柱直角尺的底面和外周成直角。

直角尺原来是 L 形，作为金属制品其形状最易变形。与此相反，圆形是成形最容易而不易变形的形状。

圆柱把直角面的长度变得很长，不用担心变形。在竖直的情况下比 L 形的稳定性好。

圆柱直角尺，相对底面直角的面是圆形，圆周的任何位置都可以使用，所以使用很方便。

照片中的使用示例是检测钻床主轴形成的上下偏斜。为了搬运方便，上侧设有螺纹孔和提钮。

▲圆柱直角尺

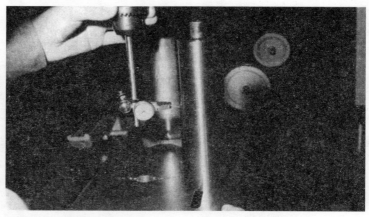

▲钻夹头上带指示表……

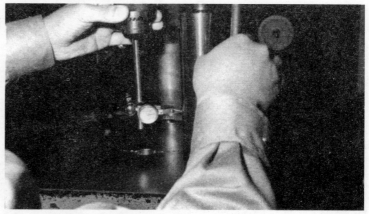

▲主轴下降检查主轴振幅

金属直尺

这种尺随处可见，机械加工人员不管谁至少都有一把。

在 JIS 标准中分为 A 形、B 形、C 形 3 种。

机械厂最常见的是 C 形。

C 形的标称长度有 150mm、300mm、600mm、1000mm、1500mm、2000mm 的几种。JIS 中规定了标尺标记样式、端面、标尺侧面的弯曲、厚度等。重要的是"标尺标记"的宽度。

C 形标尺标记的宽度是 0.1～0.25mm，最细的也不小于最粗的 70%。

A 形的结构、精度适合于精密测量用，断面呈长方形（长度 1000mm 以下的是 10×30）。

B 形的 1 侧或 2 侧的标尺面制成倾斜面，适于制图。但最近制图用的几乎都是用透明塑料制的直尺了。

当使用金属直尺时，重要事项是"尺寸在标尺标记的中间读"。有关使用方法的技巧请参照第 94 页。

JIS 中规定了 C 形依据精度分为 1 级和 2 级，相邻的标尺标记中间处的间距，1 级小于 0.05mm，2 级小于 0.1mm。

使用时，必须牢记存在小于该间距数值的误差。

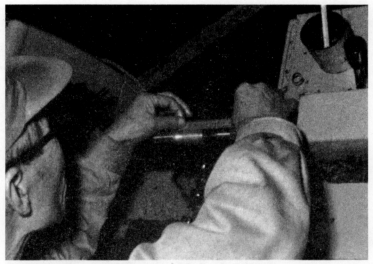

▲台阶的测量。紧紧靠台阶的外端面，在标尺标记的中间处读。

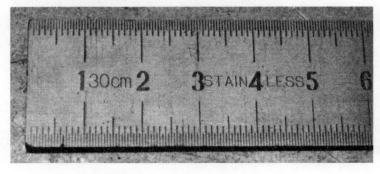

▲金属直尺的端面非常重要，注意防止磨损。

精密水平仪

▲轻便小型水平仪

水平仪是在大圆弧状玻璃管中，通过注入液体将残留气泡封在其中的仪器，通过标尺读该水准泡的移动位置，得出该底面的水平度。建筑工地中木工使用的是简单的水平仪。

机械厂使用的是更精密的仪器，通过管里带副水准泡，使该水平仪也能测出垂直方向的水平。

精密水平仪有条式和框式的。规格大小根据其底面长度分为150mm、200mm、250mm、300mm 4种。根据水准泡的位置公差分为1~3种，

1种是0.02mm/1m，分度值为4″（4秒，1°的1/900）。

框形也可用该侧面检查直角。

以上是JIS中规定的。此外还有规定外的规格尺寸、规定以下的精度的简单仪器，用于简单的检查。

▲框形的底面和侧面

▲框式水平仪的主水准泡（中央）和副水准泡（左）

▲用框式水平仪测量机械的水平度

塞尺

塞尺按字面理解是测量的规。它是薄钢片，其表面上印有数字，该数字是尺的厚度。

把塞尺放进要测量的缝隙，判断厚度主要靠测量者的感觉。

最好是把其前后两侧的钢片都塞入试试，要求达到既不准太松，也不准太紧。

塞尺的一片单体称作"薄片"，将其若干个组合的工具称"组合塞尺"。根据精度（厚度的允许误差、弯曲的允许误差值）分为特级和普通级。

根据形状有 A 形和 B 形。照片中所示的是 A 形，B 形没有止动孔，一端变细。

规格从 0.03mm 到 3mm 有各种尺寸，组合塞尺有 10 片、13 片、19 片、25 片的组合。薄片厚度的尺寸、组合顺序分别是固定的。

▲塞尺

▲这是 0.3mm 厚的塞尺

▲这是一组

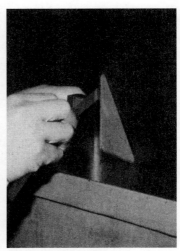

▲用塞尺测量